U0338102

多孔介质材料热湿耦合特征与光纤感测方法

刘 奇 ◎ 著

中国矿业大学出版社

·徐州·

内 容 提 要

本书系统地阐述了模型材料多孔介质的特性、传湿机理、传热机理和热湿耦合传递机理,而且着重对光纤湿敏传感器的研制与水分扩散的测量方法进行了较为详细的论述。此外又专门介绍了模型材料干燥过程中的温度、水分、湿度的测量感测方法,并对空间插值估计方法在温、湿度场重构方面的应用进行了论述,对在多环境条件下的模型材料干燥过程中温度场、水分场演化特征进行了试验和数值模拟研究。

本书可供从事土木工程、水利工程、矿业工程等领域研究的工程技术人员参考,亦可作为从事模型试验研究及其相关专业的科技工作者、高等院校师生的参考书。

图书在版编目(C I P)数据

多孔介质材料热湿耦合特征与光纤感测方法/刘奇
著.—徐州:中国矿业大学出版社,2023.12
ISBN 978-7-5646-6111-3

Ⅰ.①多… Ⅱ.①刘… Ⅲ.①多孔介质—材料—研究
Ⅳ.①TB3

中国国家版本馆 CIP 数据核字(2023)第 240246 号

书　　名	多孔介质材料热湿耦合特征与光纤感测方法
著　　者	刘　奇
责任编辑	黄本斌
出版发行	中国矿业大学出版社有限责任公司
	(江苏省徐州市解放南路　邮编 221008)
营销热线	(0516)83885370　83884103
出版服务	(0516)83995789　83884920
网　　址	http://www.cumtp.com　E-mail:cumtpvip@cumtp.com
印　　刷	徐州太平洋印务有限公司
开　　本	787 mm×1092 mm　1/16　印张 11　字数 209 千字
版次印次	2023 年 12 月第 1 版　2023 年 12 月第 1 次印刷
定　　价	48.00 元

(图书出现印装质量问题,本社负责调换)

前　言

　　利用相似理论和物理模型试验模拟岩体工程现场是研究大尺度岩体结构力学作用机理的主要途径之一。模型相似材料的物理力学特性对模型试验具有决定性作用,其中,物理模型的力学强度特性和模型试验进程主要受模型温度和含水率因素的影响。因此,研究物理模型的温度和含水率分布特征,开展模型试验相似材料的热湿耦合效应分析成为解决因物理环境引起的模型试验相似误差的关键。本书针对相似材料物理模型水分场和温度场的演化特征,通过理论、试验和数值模拟,对模型材料的热湿耦合预测模型、模型含水率测试方法及空间重构技术、模型湿度扩散系数和变化规律及相似模型干燥过程的温度场和水分场变化规律等问题开展研究。

　　通过分析模型材料干燥过程中热传递、湿传递及其相互耦合作用,建立了模型材料热、湿及空气耦合传递非稳态模型,提出了模型的干燥指数,得出了合理的模型试验时间。结合 Fourier 定律、Fick 定律和 Darcy 定律,考虑模型材料在干燥过程中的孔隙结构的变化,石膏水化放热、通风和重力对水分移动的影响作用,将湿传递分为蒸汽扩散和液态水传递两部分;考虑了水分蒸发吸热和固体颗粒导热对热量交换的影响,揭示了模型材料干燥过程中的热湿耦合机理。

　　通过对比研究,自行研制了新型光纤湿敏传感器,创新性地提出了以 N-羟乙基乙二胺为耦合剂的光纤湿敏传感单元的制备工艺和基于光敏树脂的激光束点扫描固化的传感器封装方法,实现了模型材料干燥过程中的湿度分布测量,得出了材料水分扩散系数;搭建了光纤湿敏传感器测试系统,研究了不同涂敷厚度的光纤湿敏传感器的性能(湿度灵敏度、响应时间),发现了涂敷层表面孔径对光纤湿敏传感器响应时间的影响规律。

　　本书开展了模型材料干燥过程中的湿度时空分布特征研究,揭示了其在干燥过程中的湿度变化规律。模型材料在干燥过程中,其内部湿度随时间的变化特征可分为两个阶段,在空间上表现为沿高度方向呈梯度变化的特征。

在不同的表面状态下,湿度扩散对模型材料近表面区域相对湿度的影响不同,临界时间和湿度下降幅度不同。模型材料湿度终态分布主要受初始湿度分布以及水化耗水和湿度扩散综合作用的影响。

本书提出了基于空间信息统计方法的模型材料干燥过程中温度和水分分布场的重构技术,并对模型材料温度和水分分布场进行了变异函数推导。空间信息统计方法以区域化变量理论为基础,以变异函数为基本工具,对研究具有随机性和结构相关性的数据可以实现最佳无偏内插估计。通过对测量数据的变异函数计算及对采用多种模型拟合结果的交叉验证比较分析可得,基于空间信息统计方法的新模型均优于常用的变异函数模型。采用自行推导的模型进行克里金插值的模型材料温度和水分分布场重构,经验证得到实测值与重构预测值的偏差小于 2.0%。

通过开展不同配比模型材料试件在干燥过程中单轴抗压强度试验,得到了模型材料试件单轴抗压强度随含水率的变化规律。研究结果表明随着含水率的减小,模型材料试件抗压强度呈单调递增的规律,此函数关系式可用于物理相似模型的干燥过程。为使模型材料达到设计抗压强度,需要确定其最佳含水率。依据模型材料的含水率与力学强度的对应关系,可解决因含水率因素导致的材料力学强度不符合设计强度的问题,减小实物和模型的相似误差,提高模型试验的模拟精度。

本书提出了物理相似模型的干燥指数,其可用于评估物理模型铺装完成后的干燥程度。通过光纤和电磁传感方法开展了平面模型和立体模型试验研究,研究了平面模型在夏季通风、夏季静风、冬季静风条件以及立体模型在秋、冬、春季静风条件下温度场和水分场的分布规律,揭示了模型材料干燥过程中含水率随时间的变化关系,得到的含水率变化规律符合 Exponential 函数和 Boltzmann 函数特征,其可用于模型材料干燥过程中含水率的变化预测,依据模型材料在不同含水率下与力学强度的对应关系,可预估使其达到设计力学强度所需的时间,为解决因含水率因素导致材料力学强度不符合设计强度的问题,进而减小实物和模型的相似误差,为模型干燥时间的预测(确定)提供参考和理论支撑。

由实测重构得到的温度场和水分分布场变化特征,揭示了模型材料在干燥过程中的变化规律。夏季通风和夏季静风条件下,温度场是先形成低温核心区,然后低温核心区下移,最后变成竖直方向梯度分布,水平方向大致相同的温度分布。对于立体模型和冬季静风条件下的平面模型来说,温度场是先形成高温核心区,再形成低温核心区,随后低温核心区下移,最后变成竖直方向梯度分布,水平方向大致相同的温度分布。水分分布场的特征是水平方向含水率大致相同,竖直方向自上往下含水率逐渐升高,当模型附近有风流动时,其对应位置处由于水分蒸发速率提高,导致此处形成局部低含水率区。

通过基于有限元方法的 COMSOL Multiphysics 数值模拟对已建立的模型材料多场耦合数学模型进行求解,得到了不同环境条件下平面模型和立体模型的温度、水分的分布特征。将上述模拟结果与实测重构的温度、水分分布特征和变化规律进行对比后发现,二者的基本特征是相似的,热湿耦合模型求解的结果与实测值的最大偏差都小于23%。

需要特别指出的是,本书的大部分工作都是在我的导师柴敬教授精心指导和亲切关怀下完成的,在此对我的导师表示衷心的感谢!感谢西安科技大学西部矿井开采及灾害防治教育部重点实验室的各位老师,矿山岩体光纤智能检测研究课题组的师兄弟给予的关心和帮助。感谢我的父母和亲戚朋友对我的关怀和支持,他们为我提供了研究、成书的动力。评审专家对本书提出了很珍贵的编写建议和修改意见,在此特致谢意。

著　者

2022 年 10 月

目　　录

1　绪　　论

1.1　研究背景及意义

　　物理模型试验是一种发展较早、应用广泛、形象直观的岩体介质物理力学特性研究方法[1-2]。它最大的特点就是直观,对于复杂的岩土工程而言,其可以直接定性或者定量反映围岩与工程体的相互作用过程,探索许多用数学方法不能解决的问题。相似材料模型试验是苏联学者库兹涅佐夫基于相似理论而建立起来的一套从物理试验、力学分析、模型测试到指导工程实践的试验性研究方法。自从 20 世纪 40 年代全苏联矿山研究院应用平面模型试验技术研究煤矿开采的岩层破断活动规律以来,相似材料模型试验技术和定量研究得到了不断发展。我国于 1958 年率先在北京矿业学院的矿压实验室建立了相似模拟实验架,并逐步扩大到煤炭科学研究院、各煤炭高校以及矿业、冶金、建筑、水利、地质等部门。在煤矿现场的应用中验证了“砌体梁”理论、采场上覆岩层“三带”形成规律、基本顶岩层断裂规律等经典理论[3]。进入 21 世纪后,随着科技进步和技术发展,诸如矿山开采与当地环境保护、复杂环境下采矿采动岩体力学问题、岩土边坡坝基稳定性问题等,都通过物理模型试验方法得到了有效解决[4-6]。模型试验方法为研究覆岩运动发展、地表下沉移动、上覆岩层的裂隙特征等问题发挥了积极的作用,特别是能对影响因素进行重复分析,其已被广泛应用于矿山开采沉陷规律研究中,与实地观测和理论研究相配合,对指导建筑物下、铁路下、水体下压煤开采实践,发挥了重要作用[7]。

　　模型试验的基础是相似理论,即要求模型和原型相似,模型能够反映原型的情况。根据相似理论,在模型试验中应采用相似材料来制作模型[8],相似材料的选择、配比以及试验模型的制作方法对模型材料的物理力学性质具有很大的影响,对模型试验的成功与否起着决定性作用。因此,在模型试验研究中,选择合理的模型材料及配比具有重要意义。当原料选定后,必须进行大量系统的材料配比工作,即将骨料和胶结料按一定比例与水混合,制作试样,进行力学特性测试,以保证模型与实型的动力学相似。测试工作必须在试样晾干后进行,而试样干燥时间一般又都根据习惯确定[9],此判定方法必将引起试样力学特性测试误差。模型湿度变化将引起模型材料强度变化,导致模型与实型力学条件的相似误差。

　　基于以上的讨论和分析,本书提出了针对模型材料干燥的预测模型以及实验测量方案,以解决因模型材料干湿程度不同导致的模拟误差问题,研制光纤光栅温湿敏传感器,并将其应用到模型材料干燥过程的实时监测。

1.2　国内外研究现状

1.2.1　多孔介质热湿耦合机理

　　多孔介质是指含有不规则孔隙组合结构的固体物质,例如混凝土、谷物颗粒、木材等。多孔介质内的热湿耦合传递应用于很多工程领域,例如原油开采、纺织材料内的热质传递[10]、木材干燥过程[11]、污染物渗透、颗粒材料干燥[12]、热交换器内热质传递[13]、复合隔膜内热质传递[14]以及保温材料内的热湿传递[15]等。

　　(1) 早在 20 世纪 20 年代多孔介质内热湿耦合传递就应用于干燥科学领域,W. K. Lewis 认为固体的干燥是分子扩散过程,它包括液态水从材料内部到其表面的扩散及在其表面上的蒸发[16]。F. Kallel 等研究了砖和石灰砂浆内部的热湿耦合传递过程,并重点研究了初始含湿量和对流传递系数对材料表面蒸发冷却的影响[17]。

　　Glaser 湿扩散模型是基于 Fick 定律建立的模型,该模型仅考虑了蒸汽相流动,并假设为稳态过程。由于使用的简便性,其至今仍广泛应用于工程领域,用来预测冷凝情况和指导建筑结构形式须满足的规格。然而该模型未考虑液相水的流动,将理论计算结果与试验结果进行比较表明,用 Glaser 模型预测冷凝现象是不准确的[18-19]。D. A. de Vries 在 1987 年首次提出了以温度梯度和湿分梯度为驱动势的双场耦合理论模型[20]。该模型认为土壤中的湿分传输同时存在气相和液相两种形态,并且这两相流的运动都是由温度梯度和湿分梯度驱动的。其中,液相质量流率基于非饱和 Darcy 定律,蒸汽质量流率基于 Stefan 扩散定律。

　　D. A. de Vries 的主要贡献在于他把液态湿分方程和气态湿分方程有机地结合起来,把单一驱动机制推向热湿双场驱动机制,致使后来众多学者都引用他的方程去解决问题。虽然该模型比较精确,但是方程中增加了很难通过试验直接测量得到的物性参数,只能通过对总流量的测量,进行反推得到,因此具有较大的不确定性;并且该模型忽略了由气相压力梯度产生的气相和液相流动以及蒸发冷凝机制,作为土壤中热湿传递过程的研究,忽略了不凝性气体的重要作用,使得模型的应用受到限制。

(2) 多孔介质的热湿耦合模型主要包括 A. V. Luikov 的唯象理论和 S. Whitaker 的体积平均理论,前者的唯象系数难以确定,后者又呈现高度非线性而不易于求解的特征。

继 D. A. de Vries 之后,A. V. Luikov 首次提出了以温度和湿容量为驱动势的多孔介质热湿耦合传递数学模型,考虑了总压力、浓度梯度、湿度梯度、分子迁移以及毛细作用等诸多因素。他认为热传递不仅取决于热传导,还取决于湿组分的分布情况;质传递不仅取决于湿扩散,还取决于热扩散。A. V. Luikov 等将不可逆热力学方法引入多孔介质热湿迁移研究中,建立了关于温度 T、湿组分 θ 和压力 p 的三场梯度驱动模型[21-23]。

模型唯象因子分别反映含湿非饱和多孔介质内部的多种传输机制,该模型具有对称、直观及理论性强的特点,由于引入了总压力驱动机制和考虑了内部多种因素的影响,使得多孔介质理论模型得以发展完善,A. V. Luikov 模型为该领域的研究奠定了理论基础,但是该模型有几个缺点:① 因所有表达式都基于唯象关系式,所以方程中的各参数物理意义不明确,并且由试验方法获得唯象系数是非常困难的;② 模型采用相变因子虽对模型起到简化作用,但是它的取值带有假设性,这使得方程的解析解称为半经验解;③ 该模型未反映气体扩散传输机制,也没有反映液体的对流传输机制等,而这些都是非饱和多孔介质传输过程的重要机制,因此限制了该模型的广泛应用。

为了解决湿容量的不连续性问题,很多学者对 A. V. Luikov 模型进行了修正,采用其他驱动势来代替湿容量,例如 C. R. Pedersen 利用毛细压作为驱动势[24],但由于毛细压很难准确测量,所以限制了它的使用;H. M. Künzel 利用相对湿度作为驱动势[25];H. Janssen 等对 A. V. Luikov 模型进行了修正,以多孔矩阵传导势代替湿容量作为驱动势,该计算方法虽考虑了材料分界处湿容量的不连续性,但是无法求解[26]。S. Whitaker[27-29] 模型的主要假设有:局部热平衡;达西定律有效;气相传输主要机制为 Fick 扩散和渗流作用;液相传输机制为毛细流动;材料为刚性多孔固体骨架。通过对表征体元(REV)采用空间平均建立的质量、动量和能量守恒连续介质模型,考虑了介质内部的湿组分及能量的多种传输机制。

S. Whitaker 模型[30] 的优点为:建模假设清晰;方程中各项物理意义明确,物性参数定义准确;模型中包含了大量的物理现象信息,从而可对研究的问题进行较全面的分析,克服了模拟各向异性多孔介质的困难。该模型的不足之处是:对过程的传输和控制机制的描述不够完善,尤其对各种力的平衡关系未作全面表述;大量的传输系数难以确定,须通过实测给出。因此,还需进一步完善。

(3)为了探究各种驱动机制的物理本质并表达成可解的数学模型,许多学者对 S. Whitaker 模型进行了优化,并进一步完善了多孔介质热湿传递的连续介质理论模型[31-34]。

P. Häupl 等以热力学为基础,通过能量守恒、质量守恒、线性瞬态对流定律及熵增原理,建立了多孔材料的热、湿及空气渗透三项耦合的非线性微分方程[35]。H. M. Künzel 认为多层材料内部的湿传递包括气相传递和液相传递,驱动势包括水蒸气分压力、含湿量、孔隙水压及温度,将含湿量和温度作为湿迁移的驱动势[25]。N. Mendes 等提出了以温度梯度和湿容量梯度为驱动势的多层材料热湿传递模型,对多层材料分界处的物性不连续性进行了处理,并研究了在不同边界条件下各种常用建筑材料的热湿传递的几种简化模型,但是没有考虑核心层对对流传热和辐射传热的影响。经试验模拟分析,湿传递的影响非常明显,简化模型不但大大减少了运算时间,而且准确度较高,此法较适用于建筑的长期模拟计算[36]。

G. H. D. Santos 等建立了非饱和多孔材料内热、湿、空气耦合传递的二维模型,偏微分控制方程以温度、湿空气压力和水蒸气分压力为驱动势,在计算区域采用集总参数法来描述热质传递。离散代数方程采用 MTDMA 求解。结果表明忽略传湿将不能准确预测建筑的热湿性能[37]。F. Tariku 等建立了多层多孔介质的热、湿及空气耦合的瞬态数学模型,并将模型计算结果与试验数据、数值计算数据及其他解析解进行对比分析,验证了该模型的准确性。该模型可预测多层多孔介质内部的温湿度分布,并且可用于模拟吸湿材料的动态吸放湿[38]。M. H. Qin 等以水蒸气含量和温度作为驱动势建立了多层材料的热湿耦合传递数学模型,并利用有限差分法对耦合方程进行离散,提出了确定温度梯度系数的方法[39]。该模型的优点是预测非等温传湿时需要的传递系数仅包括水蒸气扩散系数和温度梯度系数,因此该模型更为简便。

I. Budaiwi 等[40]以空气含湿量和温度为驱动势建立了描述多层多孔介质内部温湿度的数学模型,利用隐式差分方法求解墙体不同层结构内部的温度和空气含湿量分布。对于数值求解方法采用双节点分布准则,在每一个节点处热湿都处于平衡状态。因此,当有 N 个节点时,需要同时求解 $2N$ 个方程,利用高斯消元法得到方程解。在吸湿区,材料的瞬态含湿量可根据材料平衡吸放湿曲线来得到。当局部材料含湿量大于或等于相对湿度为 100% 时的平衡含湿量时,即认为发生冷凝。当有冷凝发生时,通过在冷凝点处应用质平衡方法即可得到局部材料含湿量的变化。利用提出的数学模型可计算出在不同室内外条件下墙体内部不同点的湿积累情况。

Z. Q. Chen 等基于非平衡热力学原理,分析了不饱和多孔材料内部的热湿迁移过程,讨论了不饱和多孔材料内部的热湿迁移机理,并建立了相应的数学模型。其利用扩散理论和理想气体状态方程得到了方程系数,并讨论了温度、含水量及水蒸气分压力对方程系数的影响[41]。U. Leskovšek 等建立了包括吸湿和冷凝过程的热湿传递方程,并考虑了边界温度的动态变化,分析了纤维保温材料在绝热绝湿和动态边界条件下的热湿传递,数值计算模型考虑了传导、水蒸气扩散、蒸发/冷凝和吸放湿过程,结果表明保温材料内较少的水分能明显增加通过材料的平均热流[42]。X. Lü 基于基本热力学关系,提出了预测建筑围护结构内部温湿度的准确模型,利用 Darcy 定律、Fick 定律和 Fourier 定律描述传热方程,并用有限元法对非线性偏微分方程进行离散。模型假设围护结构内部湿组分包括液相和气相,忽略结合水传递机理[43]。

J. T. Fan 等提出了纤维保温材料内部考虑相变和冷凝的热湿耦合传递方程。模型假设纤维材料各向同性,忽略由于湿组分和含湿量变化引起的体积变化,所有相态存在局部热平衡,纤维表面含湿量为对应于周围空气相对湿度的平衡含湿量。该模型考虑了由压力梯度引起的湿迁移、冷凝区域的过饱和状态、纤维材料的动态吸湿和液相水的流动[44]。张华玲等提出一种以相对湿度和温度为驱动势的多层多孔介质热湿耦合传递数学模型,同时考虑了水蒸气和液相水的传递,利用控制容积法将方程进行离散并编制计算程序,对地下硐室的墙体进行数值模拟,得到墙体温度、相对湿度、热流率和湿流率的变化特性[45]。

多孔材料内的热湿传递机理及过程非常复杂,在探求迁移机理方面先后发展了能量理论、液体扩散理论、毛细流动理论和蒸凝结等理论模型,用来解释毛细多孔介质的热湿迁移机制。湿组分的传递受各种传输机理的作用,虽然各国学者根据研究对象和假设条件的不同,推导出多种热湿耦合模型,但是仍没有一种统一的理论可以完整地解释某种材料在各种条件下的热湿传递过程。

1.2.2　光纤光栅湿敏传感器研究进展

湿度是表示大气干燥程度的物理量,与我们日常生活有着紧密的联系。在土木工程、航空航天、医学、军事及气象等领域对于环境相对湿度的监测是十分重要的,因此如何进一步提升湿度监测仪器的性能,满足不同监测环境需求具有重要的研究意义和应用价值[46]。湿度的测量方法有很多种,常用的有绝对湿度、相对湿度、比湿、混合比和露点等。日常生活中所指的湿度常为相对湿度。相对湿度是指气体中的水蒸气气压与其饱和水蒸气气压的百分比，它的值表示水蒸气饱和度的高低,其值用％表示。

湿度监测的核心器件是湿敏传感器。常见的湿敏传感器,即传统湿敏传感器主要有毛发式、干湿球式等非电量湿敏传感器,以及半导体或高分子材料制作的电容式、电阻式等电量湿敏传感器。毛发式、干湿球式等非电量湿敏传感器受到测量精度、响应速度、信号处理和控制等因素的制约;而半导体或高分子材料制作的电容式、电阻式等电量湿敏传感器存在着长期稳定性和互换性差等不足[47]。目前,国际上湿敏传感器的发展方向是向集成化、智能化、网络化及微型化方向发展[48]。理想的湿敏传感器要能在较宽的温湿度范围内使用,且要具备灵敏度高、线性好、测量精度高、抗腐蚀、响应速度快等优点。湿敏传感器正从简单的湿敏组件向无损化检测、多参数检测的方向迅速发展,为开发新型湿度测控系统创造了有利条件,也将湿度测量技术提高到新的水平。

由于光纤具有结构简单、灵敏度高、抗电磁干扰等众所周知的优点,因此基于光纤的湿度监测技术受到国内外学者的重视[49]。目前基于光纤渐逝波耦合湿度监测技术、长周期光纤光栅湿度监测技术、光纤布拉格(Bragg)光栅湿度监测技术都已得到广泛关注和重视。美国的 S. K. Khijwànià 等研究了一种渐逝波光纤湿敏传感器,该传感器是将氯化钴掺杂的聚合物薄膜涂敷在裸纤芯上,其相对湿度测量范围为 20％～90％,响应时间小于 1 s[51]。西班牙科学家 C. Bariáin 等[51]研制了基于涂敷琼脂凝胶的锥形光纤湿敏传感器,其相对湿度测量范围为 30％～80％,响应时间小于 1 min,动态范围为 6.5 dB(A)[50]。Konstantanki 等将聚合物(明胶和聚氧化乙烯/钴)作为涂层涂敷在长周期光纤光栅(LPG)湿敏传感器的表面上,响应时间低于 30 s[52]。日本科学家武藤敏郎等研究了一种荧光塑料光纤湿敏传感器,其原理是基于染料掺杂包层膜表面的染料分子和水分子之间的电离反应,使膜吸收变得更具有荧光性,从而导致荧光光谱和光强度的改变。印度的 S. K. Shukla 等研制了一种用于监测密闭空间相对湿度的光纤湿敏传感器,该湿敏传感器是在 U 形光纤探头上涂敷由溶胶-凝胶法制备的氧化镁湿敏薄膜,其相对湿度测量范围为 5％～80％[53]。厦门大学的金兴良等研制了基于 Nafion-结晶紫传感膜的光纤湿敏传感器,其相对湿度测量范围为 30％～80％,响应时间为 2 min[54]。周胜军等研究了一种氯化钴涂敷的光纤湿敏传感器,其相对湿度量程为 10％～90％,传感响应时间为 2.5 s[55]。L. W. Wang 等研制了一种涂敷了水凝胶涂层的长周期光纤光栅湿敏传感器,相对湿度测量范围为 38％～100％,传感精度为±4.3％[56]。

1.2.3　光纤温度传感技术研究进展

常见的多孔介质温度测试仪器包括热电阻、热电偶和水银测温计。热敏电阻在实际生产中应用较多,主要是因为其价格低且灵敏度比较高,但是缺点是非线性严重和互换性差。热电偶测温需要做冷端的温度补偿,这将导致整个传感电路系统复杂、成本较高,长时间使用后会出现较大的信号漂移问题。如果需要大面积测量,则需要多端布线。传感信号的长距离传输,容易受到周围环境的电磁干扰,导致测量误差增大,串扰影响较大。而光纤温度传感技术作为一种新型的传感方法,有不受外界电磁干扰,传输距离长、信号衰减小的特点,可实现一根光纤多点分布式、实时连续温度测量。

(1)光纤光栅温度监测

目前,光纤光栅传感技术在一些发达国家如美国、瑞士、日本等国家的应用比较多,并且取得了一系列的重大应用成果。在工程领域,20世纪90年代加拿大学者 R. M. Measures 等将光纤 Bragg 光栅传感系统用于 Calgary 一座两跨碳纤维钢筋混凝土桥梁上,成功地监测了该桥梁在建造过程中和使用期限内其内部应变和温度[57]。20世纪90年代末,瑞士 Smartech 公司在瑞士 Geneva 湖床、Luzzone 大坝等实现了系列应变或温度监测,取得较好效果[58]。

周智等对光纤 Bragg 光栅的温度传感特性进行了研究,结果表明光纤 Bragg 光栅对温度变化敏感性高,而利用管式环氧树脂对光纤光栅进行封装能够有效地提高其温度敏感特性,有利于光纤 Bragg 光栅在工程实践中的应用[59]。孙丽等通过光纤光栅温度传感器对地源热泵工作过程中垂直盘管换热器周围土壤温度进行了监测,结果表明光纤光栅温度传感系统监测到的温度与理论计算结果吻合得很好;同时也表明了光纤光栅温度传感器拥有较高的测量精度,长期监测稳定性好,其布设的传感系统能够对地源热泵进行长期的温度监测[60]。

国内将光纤技术运用于相似模拟模型试验研究较为前沿的是西安科技大学柴敬团队。魏世明等利用光纤光栅温度传感器对相似模拟模型试验的光纤光栅传感测试进行了温度补偿,实现了对模型开采过程的温度监测,提高了相似模拟试验中光栅测试的精度[61]。柴敬等利用光纤光栅传感系统在第四系深厚松散层中设置地层温度观测站实现了地层温度的在线测量,监测得到了地层在长期监测过程中的温度变化规律,同时也为光纤光栅系统的安装积累了现场经验[62]。自2007年西安科技大学柴敬等[63-65]提出在相似模拟模型试验中利用光纤光栅监测技术需采取温度补偿起,其团队在相似模拟模型光纤光栅监测中先后采用了模块光栅温度传感器、3层材料封装结构的温度传感器(外部钢管、中部游离液体和内部半管)和陶瓷封装温度传感器对模型开采过程进行温度补偿。通过大量的相似模拟模型试验研究分析得出了陶瓷封装的光纤光栅温度传感器在相似模拟模型中测温较优的结论。

(2) 分布式光纤温度监测

分布式光纤温度传感器系统于 20 世纪 80 年代由英国的南安普敦大学 B. G. Gorshkov 等[66] 提出。后来,英国 J. P. Dakin 博士提出利用后向拉曼散射信号温敏原理对温度监测实现分布式光纤温度传感的思想[43]。分布式光纤测温技术自问世以来很快在发达国家得到迅速发展,各种光纤传感器以其先进的技术优势在岩土工程中得到了广泛的应用[67]。

① 分布式光纤测温系统发展

Pandian 和 Ryosuke Shimano 分别将拉曼式分布式光纤测温系统 (distributed temperature sensing,DTS)用于对中子反应堆的温度进行监测,并借助双向掺铒光纤放大器和相干光时域反射技术研制出温度传感分辨率为 0.02 ℃,空间传感分辨率为 2 m,可监测距离为 31 km 的分布式 DTS 测温系统。刘红林等研制出测量距离达 30 km,温度分辨率为 0.1 ℃,测温范围 0~100 ℃,空间分辨率为 3 m 的分布式光纤测温系统[68]。

② 分布式光纤于混凝土中的监测运用

蔡德所等将分布式光纤引入三峡工程坝段浇筑过程中对混凝土水化放热过程的温度实时监测,结果表明分布式光纤测温系统能够准确地检测到坝体混凝土结构内部温度场的变化,且具有安装方便和快捷等特点,该测试方法是对大坝温度场监测理论和方法的创新,是对传统仪器的变革[69]。蔡顺德等在三峡工程大体积混凝土温度场监测中埋设了分布式测温光纤,利用分布式光纤测温系统对大坝的温度场进行了全面实时监测,结果表明 DTS 系统监测理论完善,监测结果信息量大,线性连续,响应速度快,空间定位准确,测温光纤抗干扰性强,施工简单[70-71]。通过监测三峡工程大体积混凝土温度场,并把混凝土温度场分为水化放热阶段、二峰阶段、平稳阶段。混凝土浇筑一个多月后出现第二次温度峰值,经过一个季度的养护,温度场温度变化逐渐趋于平稳。徐卫军等基于分布式光纤测温技术,对传统测温光缆的结构进行改进,将其成功地应用于景洪电站大坝混凝土温度的监测,结果表明改进后的光缆其存活率达到 100%,分布式光纤测温系统能够准确、有效地监测大坝混凝土内部温度场,为大坝安全评价提供了可靠的科学依据,为光纤测温技术应用于工程中提供了经验,具有较大的工程应用价值[72]。

③ 分布式光纤于模型中的监测运用

谷艳昌等成功地运用分布式光纤测温系统对室内土坝模型的温度场进行了监测,结果表明采用光纤束捆成一捆作为一个测点的铺设方法能够准确反映模型内部的温度,进而建立了室内均质土坝的温度场分布图,为分布式光纤在小尺寸的模型试验中铺设布置提供了案例和经验[73]。宋占璞等利用拉曼散射光纤测温技术对船闸首底板混凝土浇筑过程中混凝土内部的温度进行了实时监测,并采用光纤 Bragg 光栅测温技术对混凝土表层的温度进行了监测,结果表明基于拉曼散射的分布式光纤测温系统测量空间范围大、测量精度满足工程要求;基于布里渊散射的 FBG 准分布式光纤测温系统监测精度高,可用于对结构关键部位的温度监测;相对于传统的测温手段,该测温技术能够实现实时动态监测,空间连续性强,监测结果信息量大[74]。陈西平等利用分布式光纤测温系统对地下电缆表面温度进行了监测[75]。通过理论计算电缆表面温度、电缆周围土壤的温度场并与 DTS 系统监测结果对比,表明了 DTS 系统能够监测电缆周围的温度且测温光缆的热传递性良好。曹鼎峰等利用碳纤维加热光缆的分布式测温系统对埋设在土壤中的碳纤维加热光缆的温度进行了测定,利用其升温过程中的温度特征值与含水率之间的关系进而对土壤的含水率进行了测定[76]。研究结果表明,采用碳纤维加热光缆,可利用对感测光缆的主动加热,使感测光缆与周围土壤产生较大的温差,进而提高 DTS 系统对土壤含水率的敏感性和测量精度。

④ 分布式光纤于其他工程中的监测运用

江梦梦对分布式光纤测温系统在公路隧道火灾探测中的布置方式、温度监测效果进行了实验室隧道模拟研究,为 DTS 系统在现场敷设提供了有价值的参考[77]。王文亮利用分布式光纤对巷道电缆进行了温度监测,他将平时测量积累的温度经验值与分布式光纤测温系统实时监测的温度结果对比后发现,当温度不同时,系统就可做出合理判断,进而对井下火灾进行预测和辅助处理,对井下温度场进行实时掌控,真正做到对火灾防患于未然[78]。谢俊文等利用分布式光纤测温技术对大倾角易燃煤层采空区自燃状况进行了监测,他利用测温光纤对上下平巷的温度进行了监测,并采用 ANSYS Fluent 流体力学软件模拟了采空区温度场分布规律,分析了急倾斜煤层采空区垂直"三带"情况,验证了分布式光纤测温系统能反映采空区煤自燃过程中升温变化的整个过程,可用于采空区的温度场测量[79]。

1.2.4　空间估计方法研究现状

为了获得某一区域内的精确温度场分布图,我们就必须在该区域获得大量数据来推断该区域可能存在的信息。由于要获取大量的测量数据就需要付出更多的人力、物力、财力等,同时,有时技术手段和实际测量情况不能满足进行大规模测量的要求,因此,通常情况下是要进行少量的随机测量。这就需要考虑怎样从随机测量点数据来获取更多的有用数据。目前,解决这个问题的主要方法是对数据采取空间插值方法。空间插值方法基于"地理学第一定律"的基本假设[80]。空间位置上越靠近的点,其具有相似特征值的可能性越大;

而距离越远的点,其具有相似特征值的可能性越小。因此,通过空间插值方法可以有效地提高测量数据的密度,同时可以提高温度场分布图的精度。

在空间插值方法上,国内外学者提出很多插值方法,并对插值方法进行了不断的改进,进而提高了数据的精度。现阶段主要的插值方法有:距离反比加权法[81-83]、样条函数法[84-85]、最小曲率法[86]、径向基函数插值法[87-89]和克里金插值法[90-92]等。距离反比加权法的思想是估计点最近的若干个点对估计点的贡献与其到估计点的距离成反比[93]。因此,它采用已知采样点性状值的加权来计算插值点的值。其优点是:可以进行确切的或者以圆滑的方式插值且算法简单、易于实现。但其不足之处也非常明显:对加权函数的选择十分敏感,受非均匀分布数据点的影响较大[83]。样条函数法的基本思想[84]是采用分段多项式逼近已知数据点,同时又保证在各段交接的地方有一定的光滑性。它适合于非常平滑的表面,一般要求有连续的一、二阶导数。其优点是:易操作、插值速度快和视觉效果好。但其缺点是难以对误差进行估计,点稀疏时效果不好[85]。最小曲率法试图在尽可能严格地尊重数据的同时,生成尽可能圆滑的曲面[86]。在该方法中,通过最大偏差和最大循环次数来控制最小曲率的收敛标准。但总体上来讲,最小曲率法不是一个精确的插值法[84]。径向基函数[94-95]是以某个已知点为中心按一定距离变化的函数,因此在每个数据点都会形成径向基函数,即每个径向基函数的中心落在某一个数据点上。径向基函数插值法适合于非常光滑的表面,要求样本数据量大,如果数据点少,则内插效果不佳[96]。同时,径向基函数插值法难以对误差进行估计,也是其缺点之一[97]。克里金插值法又称空间自协方差最佳插值法[90],是对空间分布的数据求线性最优、无偏内插估计的一种方法。该方法不仅考虑被估计点与已知数据点相对位置的相互关系,还考虑数据的空间相关性,能综合地反映空间和时间特征的规律[84]。相比其他插值算法,克里金插值法在插值过程中充分利用了数据的空间相关性和位置关系,因此该插值方法的效果往往更接近于实际情况[80]。同时,克里金插值法在地质、矿业领域的实践中得到了广泛的应用[97-99]。

1.3 研究内容

本书主要有以下研究内容:

(1)建立模型材料的热湿耦合预测模型

以多孔介质传热传质学为基础,根据质量守恒和能量守恒定律,基于热传递、湿传递、空气渗透机理及其相互作用,考虑液态水传递和水蒸气传递,以温度、相对湿度和空气压力为驱动势,建立了适合模型材料干燥过程的热、空气、湿耦合传递模型。利用基于有限元方法的多物理场耦合仿真模拟软件 COM-SOL Multiphysics 求解热、空气、湿耦合传递模型。

（2）研制光纤湿敏传感器

对光纤 Bragg 湿敏传感器进行了研究，包括各种涂敷湿敏材料的特性研究，选取适合光纤 Bragg 光栅的湿敏材料；优化了光纤 Bragg 湿敏传感器的制作工艺，并对光纤 Bragg 湿敏传感器的传感灵敏度、响应时间和可重复性进行了研究。

对光纤 Bragg 湿敏传感器在模型材料干燥过程中的湿度测量进行应用研究。针对模型材料试件内部的湿度监测需求设计了光纤 Bragg 湿敏传感器的封装，并将其应用于模型材料试件内部的湿度监测中，借助 3D 打印技术制造传感器封装，增强了光纤湿敏传感器的应用范围和现场存活能力。现场安装前测定了经过优化设计和封装后的光纤 Bragg 湿敏传感器的各项性能参数，并用此传感器对模型材料干燥过程中的湿度分布进行测量，对测量结果进行分析并得到模型材料内部干燥过程中的水分扩散系数。

（3）模型材料的湿度扩散系数和湿度场变化规律研究

对模型材料内部温湿度场进行了研究。对模型材料试件不同位置处的温湿度进行试验测量，试验设计成一维传热传湿条件，在室内自然温湿度条件和恒温恒湿环境下进行，考察石膏水化耗水和水分扩散作用对模型材料内部湿度发展规律和分布特征的影响，考察石膏水化放热和热传导作用对模型材料内部温度发展规律和分布特征的影响。

综合考虑石膏水化耗水和水分扩散的模型材料湿度场计算模型。首先研究模型材料水分扩散系数的求解方法，采用自行研制的光纤湿敏传感器测量模型材料试件在覆膜和不覆膜条件下的湿度发展，以及分离水化耗水和水分扩散作用下的湿度发展规律，并由此考察模型材料由于水化耗水引起的湿度下降，计算模型材料的湿度扩散系数，然后寻求非线性湿度扩散方程的求解方法，建立模型材料湿度场计算模型。

（4）基于空间信息统计方法的模型材料干燥过程的温度和水分场的重构技术

空间信息统计方法可以根据模型材料实测温湿度数据，推导出适合模型材料干燥过程的热湿分布场的变异函数，通过变异函数来表示温湿度变化的空间变异规律，并对未知点的温湿度分布进行估计，克服了传统插值方法难以分析误差的缺点。基于空间信息统计方法的克里金插值法具有坚实的理论基础和很强的实践性，对温湿度分布的变异函数分析及多种模型拟合的插值结果的对比分析表明，推导的变异函数可以有效地用于模型材料温湿度场重构。

（5）物理相似模型干燥过程的温度场和水分场变化规律研究

开展基于分布式光纤温度传感方法和电磁式含水率测量方法的平面和立体物理相似模型试验，研究在不同季节和有无通风情况（工况）下，用推导的模型材料热湿耦合预测模型对干燥过程中模型材料的温湿度特征进行预测，研究不同工况下干燥过程中，物理相似模型内部的热湿特征，并将不同工况下的测量结果重构形成的温湿度场与热湿耦合模型的预测结果做对比分析和验证。

1.4　研究方法及技术路线

（1）研究方法

本书采用的研究方法包括理论分析、模型试验和数值模拟。通过对模型相似材料水化固结、传湿、传热过程的理论分析，研究相似材料干燥过程中的热湿耦合机理；研制了光纤湿敏传感器并用于水分扩散系数的测量；利用分布式光纤测温系统和电磁式水分传感系统开展了 3 次二维模型试验和 1 次三维模型试验，借助自行推导的变异函数将得到的单点测量值重构成温度场和水分场，研究模型干燥过程中温度场和水分场的分布特征和变化规律；利用 COMSOL Multiphysics 数值分析软件解算推导的模型材料热湿耦合方程，得到温度场和水分场分布的数值解；构建干燥预测模型，并将其用于确定最佳的试验开始时间。

（2）技术路线

研究技术路线如图 1-1 所示。

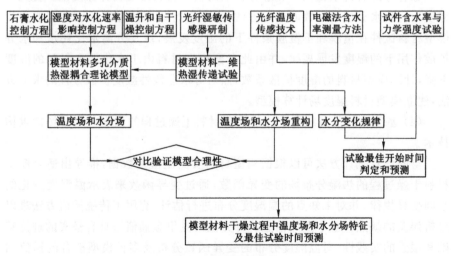

图 1-1　研究技术路线

2 模型材料热湿耦合传递机理

2.1 模型材料多孔介质

多孔介质是指一种内部含有大量孔隙、比表面积较大的多孔固体物质。通俗地说,多孔介质就是一种内部含有孔隙的固体,而孔隙是在一种物料中或多或少都会存在的空而无物的间隙,因此,这种物料经常被叫作多孔性物质,而这种没有骨架的部分称为孔隙空间。一个多孔体系中孔隙的尺寸一般呈不规则分布,而且孔隙多数是彼此连通的,这也是流体能够在多孔介质中流动的前提。按照上述的介绍,在日常生活和工业生产中见到的大量物质,如沙堆、土壤层、墙体、混凝土、陶器等都可以算作多孔介质。可见,多孔介质涵盖了日常生活中常见的各类物质。

工业生产上经常遇到多孔介质中流体的流动、气固两相的传热和传质等问题,如地下石油开采工程、煤层气开采、岩体渗流等均属于这一类。相似模型材料这类典型的固结多孔介质,在干燥过程中由于水化固结放热等原因,会导致相似模型材料湿度降低、温度升高。只有对相似模型材料中气体的流动及湿热传递机理进行研究,并掌握了这些基本规律,才能得到相似模型材料干燥的内部湿度和含水率的变化规律及趋势,确定出相似模型材料干燥的合理开挖时间,以提高相似模型试验的准确度,降低模型试验的误差。

近年来,针对多孔介质中流体流动以及传热传质问题,各国科学家做了大量的工作,特别是对石油、煤层气的开采和地下水的开采、污染物迁移等问题,做了大量的试验研究和基础理论研究,但针对相似材料模型,这种重塑性容易,可进行大量重复试验,从流态到固态变化的多孔介质的研究相对较少。

多孔介质孔隙中流体的各种现象不容易进行描述。在分子水平上,采用经典力学的理论,我们可以描述一个给定的分子体系,只要已知分子的初始空间位置与力矩,便可以预测出其以后的位置。但是即使用这种方法去解决三个分子的运动问题也是非常困难的,更何况这是一个由大量分子组成的体系。于是,有些研究者采用统计的方法,导出由许多分子组成的一个系统的运动信息,即确定逐次测量的平均值,但是不能预测以后每一次测量的结果。这种对孔隙中流体运动信息的测量值进行了平均,使其产生更具有意义的统计结果的处理问题的方法,属于微观水平方法。例如,把流体作为连续介质处理时,需要提出质点的概念。一个质点是包括一个微单元中许多分子的集合。质点的尺度要远大于单个分子的平均自由程,但又要远小于流体的研究对象区域。只有这样,通过对质点进行统计平均,才可以得到一些有价值的数据,以描述流体的整体性质。然后,将这些数据和质点的某种性质联系起来,便可以描述流体区域里任意一点的运动状态。原则上讲,有了流体力学理论就可以得到孔隙空间内流体运动状态的详细描述。然而,除了特别简单的情况(如直毛细管组成的介质)以外,固体表面起着边界作用,而不可能以精确的数学方法描述固体表面的复杂几何形状,而且多孔介质内表面的边界条件的确定也是非常困难的。因此,为了获得多孔介质内流体的分布和运动规律,很多情况下,研究者采用一种更粗的平均水平,即宏观水平,采用连续介质的方法,作为处理多孔介质中各种物理问题的工具。

采用微观方法研究相似模型材料的传热传质问题时,需要从单个颗粒和颗粒周围的气体状态考虑,为了简化计算,需对颗粒形状进行理想化的统一构造。这种通过简化物料的基本单元的做法,在实际应用时,可能会由于大量的基本单元微小误差的积累,而产生较大的误差,给最后的结果造成更大的误差,而且这种做法也会失去很多的实际物料信息。在对数学模型进行数值求解时,考虑到尺度较小,网格尺寸划分得较小,且数量庞大,因此需要大量的计算和时间成本。连续介质假设理论在解决上述问题时,不考虑单个颗粒的具体情况,对代表性单元进行局部平均,网格尺寸相对较大,需要的计算资源少、计算速度快,从应用价值来说,连续介质理论能够更加高效、迅速地解决实际问题。

连续介质理论也一直贯穿于科学的发展过程中,牛顿物理学及微积分学等都是建立在连续的时空之上的,这种理论是在宏观水平上对实际运动或过程的一种简化,一种解决问题的方法,并不是物质的实质。即在处理问题时,采用统计平均的方法,通过宏观的观测和试验,给出统计意义下的宏观参数。例如,在将多孔介质假设为连续介质时,需要定义多孔介质的孔隙率,即首先要在多孔介质中选择任意一点 P,确定它的一个表征体积单元,该表征体积单元要远小于整个多孔介质的体积,否则,平均化的结果就不能代表在 P 点的现象;同时,该表征体积单元又必须足够大,包含足够多的数目的孔隙,这样的统计平均才是有意义的。

综上所述,多孔介质由固相和流体相组成,为了处理问题的方便,常将多孔介质看作由若干重叠的连续介质组成,每种连续介质都代表一相物质,且充满整个多孔介质区域,可以在空间中的任何一点定义任何一种连续介质的性质,不同的连续介质之间也可以发生相互作用。本书就是采用这种方法来处理模型材料干燥过程中的湿热耦合问题。

2.2 模型材料的水化和自干燥

2.2.1 石膏水化机理

石膏水化是一个复杂的物理化学反应过程,石膏颗粒中的各种组分与水反应生成凝胶物质,使石膏结合体具有强度和刚度。尽管已经有许多学者研究过石膏水化机理,但是仍然不能准确地表述其化学反应过程。各种组分之间的影响关系以及外部因素(温度、湿度等)对化学反应的影响仍然处在研究阶段。因此,一些学者把石膏水化当成一个整体考虑而非各种独立组分的化学反应。

在石膏热湿耦合模型中考虑到水化过程需要选取合适的水化模型,微观水化模型能够分析石膏颗粒粒径的增长变化,但是模型数值计算烦琐,也不适合用于有大量节点的有限元计算。目前多采用基于热动力学的水化动力模型,如 Ulm 和 Coussy 提出的水化模型,他们认为水分通过已水化的石膏层扩散到未水化的石膏层的过程决定着水化动力进程。

现在许多学者认为石膏水化可以分为三个阶段:早期、中期和后期。早期是化学物质快速溶解阶段,通常持续几个小时;中期主要是离子从未水化石膏颗粒表面通过水化产物层,能够持续 1~2 d;后期是持续时间最长,起主要作用的扩散控制机制阶段。在早期和中期主要是相边界机制起作用,但是当水化产物层很薄时一般都可以认为相边界机制是扩散控制反应的一个特殊阶段,这样石膏水化机理可以统一解释为扩散控制机制,因此水化反应的动力机理可以认为是水分通过水化产物层的扩散过程。

从表面化学理论得知,由固相和液相组成的多相反应体系,其表面具有明显不同于固体和溶液本体的物理化学性质,即具有表面自由能和吸附现象。界面对液相的吸附作用,使反应物浓度在界面处高于界面外。这是溶液中低饱和状态下石膏能够水化的重要原因。二水石膏在低过饱和度下析晶速度缓慢,随着硬石膏的不断溶解,当过饱和度达到某一限度时将促使析晶速度加快,使液相离子浓度降低,从而促使硬石膏溶解。硬石膏在"溶解-析晶"反复的过程中不断水化。

2.2.2 相对湿度对水化速率影响

相对湿度是影响水化速率的重要参数。有关试验研究表明,当石膏相对湿度低于某一值时,其水化进程减慢甚至停止[100]。D. Gawin 等[101]、G. D. Luzio 等[102]通过在水化速率方程中添加影响系数来衡量相对湿度对水化速率的影响。但是近年来有学者认为对于自干燥情况下的石膏,相对湿度的减小是水化反应的固有特性,这已经在化学亲和势中有所展现,因为水化度的最大值由水和石膏的比例控制,而且在通过试验确定化学亲和势中的材料参数时,已经对因湿度减小带来的水化速率降低有所考虑,所以无须再将此相对湿度影响系数单独列出考虑。

据此认为,可以将自干燥情况下的石膏水化速率当作基准状态,此时不另考虑湿度的作用,但是在某一时刻当石膏湿度相对于自干燥情况下的石膏湿度有所增加或降低时,即有水分迁移时,应当考虑湿度对水化速率的影响。

以一个表征体元(REV)为例,当 REV 是一个封闭系统时可等效为自干燥情况,假设水化度达到某一值时,其内部相对湿度为 H_c,此时若系统与外界有湿度交换,则 REV 的相对湿度必然发生变化,变为 H_m,进而影响水化速率,这时需要定量反映相对湿度变化对水化的影响。M. Gerstig 等[103]通过等温热量测定试验定量地测定了任意时间外界相对湿度减小对热能释放的影响,得出热能 P 满足:

$$P = \alpha \dot{m}_0 \Delta h \tag{2-1}$$

$$P = \Delta h_{vap} \cdot F \cdot V_{sat} \cdot H_m \tag{2-2}$$

式中 Δh ——反应焓;

$\dot{\alpha}$ ——水化速率;

m_0 ——石膏初始质量;

Δh_{vap} ——水的蒸发焓;

F ——气体流速;

V_{sat} ——饱和蒸气含量。

2.2.3 温升和自干燥作用

相似模型材料硬化过程中发生的物理化学反应会使模型材料温度升高、水分减小,也会带来其内部孔隙结构的变化,这些特性在模型中都与水化度有关,因此描述这种现象的本构方程的准确性直接决定着模型的准确性。对于质量平衡方程和能量平衡方程来说,需要建立水分消耗速率和能量释放速率与水化度的关系,在模型中表现为质量源和能量源。此时可采用水分消耗量或者热量释放量来定义水化度：

$$\alpha = \frac{\chi}{\overline{\chi}\chi_\infty} = \frac{M_h}{\overline{M}_h^\infty} \tag{2-3}$$

式中　χ ——水化已释放的热量；

　　　$\overline{\chi}_\infty$ ——理论上水化完成时释放的总热量；

　　　M_h ——水化已消耗水的质量；

　　　$\overline{M}_h^\infty$ ——理论上水化完成时消耗水的总质量，可通过试验或者理论分
　　　　　　析得出。

　　水化反应的产物使固相物质增多，孔隙体积减小，也使其内部结构发生变化。在固体骨架具有刚度之前，只有其总体积变小，即发生化学减缩，此时其内部的毛细孔基本是饱和的，相似模型材料不具备力学承载性能，这一时期的相似模型材料可认为是"流体"。当相似模型材料从流体状态转变为塑性状态时，固体骨架才能起到支撑作用，毛细孔也开始由饱和状态向不饱和状态转变，孔隙尺寸越来越小，气体的体积也会开始增大。一般认为孔隙率与水化度呈线性关系，主要是因为固体骨架体积的增长和自发的化学减缩导致孔隙率减小，而这两点与水化反应的进程是成比例关系的。

2.2.4　孔隙结构演化对吸附曲线影响

　　吸附曲线是毛细多孔介质的湿度特征，影响其湿度传输性能，也对相似模型材料干燥和收缩有重要影响[104]。吸附曲线发生变化，会使饱和度（湿含量）和相对湿度的关系发生变化。干燥后期相似模型材料中吸附曲线只需要考虑饱和度与相对湿度之间的关系，因为其微观孔结构相对稳定，但是干燥初期相似模型材料中水化作用导致微观孔结构不断演变，直接影响到其热湿传输过程。因此对于干燥初期的相似模型材料，需要建立基于孔隙结构演化的吸附曲线，即建立饱和度与水化度的直接关系。

　　相似模型材料中孔隙结构演化表现在孔隙尺寸不断减小，大孔径不断变成小孔径，同时孔隙中的水分也在减小，导致孔隙饱和度下降。对含水的孔隙体积进行积分就能得到孔隙饱和度：

$$S(r) = \int_{r_{\min}}^{r} f(r)V_0(r)\mathrm{d}r \tag{2-4}$$

式中　r——气液交界面处孔隙的半径；

　　　$r_{\min}$——最小孔隙半径；

　　　$f(r)$——孔隙尺寸密度分布函数；

　　　$V_0(r)$——单个孔隙中水分占据的相对体积。

　　假设相似模型材料体是由一系列随机分布的相互连通的孔隙组成，则孔

隙尺寸密度分布函数 $f(r)$ 可通过 MIP 试验确定：

$$f(r) = \frac{\partial V(r)}{\partial (\ln r)} = r\frac{\partial V(r)}{\partial r} \qquad (2\text{-}5)$$

式中　$V(r)$——孔隙半径小于 r 的累计体积。

为了模拟吸附曲线,本模型需要选取适当的孔隙尺寸分布曲线,在诸多尺寸分布函数中本书选取 Rayleigh-Ritz 分布函数：$V(r) = V_\varphi[1 - \exp(-B \cdot r)]$,则液相体积 $V_L = \int_0^{r_s}[f(r)/r]\mathrm{d}r$,式中的 r_s 为气液交界面处孔隙的半径。结合上式,可以得出孔隙饱和度与孔径的直接关系为：

$$S = \frac{V_L}{V_\varphi} = 1 - \exp(-B \cdot r) \qquad (2\text{-}6)$$

式中　V_φ——含孔隙的整体材料体积；

　　　B——常数,与材料本身的属性有关。

但是上式只反映了饱和度与孔径的关系,没有建立饱和度与温湿度的关系。相似模型材料孔隙的气液交界面由于压力差会形成一个弯月面,弯月面的约束力能保持液态水中的水分子不逸出,该约束力是弯月面曲率的函数。孔隙越小,曲率越大,约束力越大,相对湿度越小,反之亦然。假设毛细孔是柱形结构,则根据 Laplace 方程可以得出弯月面半径与其表面张力、毛细压力的关系：

$$r = \frac{2\gamma\cos\theta}{P_c} = \frac{2\gamma\cos\theta}{P_G - P_L} \qquad (2\text{-}7)$$

式中　P_c——毛细压力；

　　　P_G——气体压力；

　　　P_L——液体水压力；

　　　γ——液体表面张力,其值大小取决于温度；

　　　θ——固液接触角,对于石膏类材料,θ 通常取 $0°$。

相似模型材料的吸附曲线很难通过试验验证,借用 Sciumè 吸附等温模型与 Baroghel-Bouny 吸附模型分段整合可得到本书中的模型。

2.3　模型材料的传湿机理

2.3.1　传湿机理概述

湿组分在多孔介质内的传递是多种传输机理的作用。多孔材料中的湿组分传递是蒸汽扩散、液态扩散、表面扩散、克努森扩散、毛细流动、纯水力流动以及蒸发与凝结等联合作用的结果。湿传递还与多孔材料的孔隙结构有关,没有一种单一理论能概括某种多孔介质在所有条件下的湿传递,因此,在数学上描述理论模型通常都需要作一些简化假设,从而限制这些模型的使用范围。

当材料内部存在压力差、湿度差和温度差时,均能引起材料内部水分的迁移。材料内部包含的水分,可以以三种相态存在:气态(水蒸气)、液态(液态水)和固态(冰)。在材料内部可以迁移的只能是两种相态,一种是以气态的扩散方式迁移(水蒸气渗透),另一种是以液态水的毛细渗透方式迁移。当材料湿度低于最大吸湿湿度时,材料中的水分尚属于吸附水,这种吸附水分的迁移是先经蒸发,后以气态形式沿水蒸气分压力降低的方向或沿热流方向扩散迁移。当材料湿度高于最大吸湿湿度时,材料内部就会出现自由水,这种液态水将从含湿量高的部位向低的部位产生毛细迁移。

将干燥后的多孔材料置于一定相对湿度的空气环境中,材料孔隙表面开始吸附水分子。当空气含湿量很小时,材料表面吸收较少量的水分子便达到热力平衡,即被吸附的水分子速率与吸附状态下脱离水分子的速率相等,水分子被吸附后其动能转换成了热能,而该热能又会促使处于临界吸附状态下的水分子获得动能而成为自由的水分子,因此不同相对湿度空气环境中都对应着材料的一个平衡含湿量值。当空气含湿量较低时,吸附只发生在材料表面与水分子之间。孔隙表面被一层单分子膜覆盖之前的吸附过程称为单分子吸附;当空气含湿量增加时,材料对水分子的吸附力除了材料与水分子之间的吸力之外,还有水膜水分子与空气中水分子之间的内聚力,多孔材料进一步吸湿,随着空气含湿量的增加,材料达到多分子吸附阶段。当水分子膜厚达到一定程度时,多孔材料中较小的孔隙将被水膜阻塞。随着空气含湿量的进一步增加,材料继续吸湿,由于阻塞毛细管的水膜形成了弯月面,产生毛细吸附或毛细管凝结,水的弯月面上的水蒸气分压力低于水平面上水蒸气分压力,并且弯月面半径越小,水蒸气分压力越低,从外界吸湿的能力越强。当在外界空气中某一分压力的水蒸气作用下,材料中小于能与空气中水蒸气分压力平衡的弯月面全部充满水后,产生毛细管吸湿的动态平衡。在毛细管吸湿过程中,材料表层的小孔隙被水充塞,限制了水蒸气向材料内部的迁移,因此增加了动态平衡时间;反之,在材料解湿时,材料表层的小孔隙阻碍了水蒸气向外迁移,增加了解湿时间。因此,产生了解湿平衡湿度大于吸湿平衡湿度的滞差现象。

多孔介质的传质过程包括分子扩散和对流传质。分子扩散是由流体分子无规则运动或固体微观粒子的运动而引起的质量传递,与导热机理相对应。对流传质是由于流体的宏观运动而引起的质量传递,与热传递过程中的对流换热相对应。它包括流体与固体骨架壁面之间的传质,也包括两种不混溶流体之间的对流传质。按照流体流态的不同,单相流体对流传质又有层流与湍流之分;气液两相流体则有更多不同形态的对流传质。孔隙中流体的宏观运动是由毛细力、压力、重力等所引起的;由毛细力引起的宏观对流传质称为毛细对流传质,而由压力梯度引起的对流传质称为渗透传质。水蒸气在多孔介质内的宏观流动,包括压差引起的渗流、表面张力控制的毛细流动、温度梯度及浓度梯度作用下的宏观流动,因此,水蒸气在多孔介质中的流动可能受到多种效应的控制,其影响因素不仅有压力、温度,还有固体骨架结构及物性、孔隙大小及形状、流通通道尺寸及弯曲程度等。

模型材料体干燥过程中水分的迁移一般分为两个阶段:① 水蒸气渗透阶段,此时模型材料的湿度小于其最大吸湿湿度,水蒸气按扩散和喷射形式进行迁移;② 毛细扩散阶段,此时模型材料的湿度达到或超过其最大吸湿湿度,水开始在材料内部未充满水的空隙中流动,除液相水外,当材料中具有温差时,还产生气态水分流动。

2.3.2 湿组分流速的表示方法

由于多孔介质材料内部的湿组分只以两种相态方式迁移,因此总湿流通常被分为水蒸气流与液态水流。水蒸气流以对流和扩散的形式存在,而液态水流的驱动势为毛细管压力。

(1) 蒸汽流速与气体扩散质量流速

多孔材料内的蒸汽流速 J_v 包括对流流速 $J_{v,c}$ 和扩散流速 $J_{v,d}$,即

$$J_v = J_{v,c} + J_{v,d} \tag{2-8}$$

① 对流蒸汽流速

多孔材料内的对流蒸汽流速是随空气流动而进行的蒸汽迁移,而空气对流的驱动力是浮升力、风压和机械力。因此,通过建筑材料内的对流蒸汽流速的表达式如下:

$$J_{v,c} = v \cdot \rho_v \tag{2-9}$$

式中 $J_{v,c}$ ——对流蒸汽流速,$kg/(m^2 \cdot s)$;

v ——空气流速,m/s;

ρ_v ——水蒸气密度,kg/m^3,与温度 T 和相对湿度 φ 有关。

② 扩散蒸汽流速

扩散蒸汽流速的驱动势为质量分数梯度和浓度梯度。扩散蒸汽流速用Fick定律表示,即水蒸气渗透系数与水蒸气压力梯度的乘积。扩散蒸汽流速的表达式如下:

$$J_{v,d} = -\delta_v(w,T)\nabla P_v \tag{2-10}$$

式中 $J_{v,d}$ ——扩散蒸汽流速,$kg/(m^2 \cdot s)$;

$\delta_v(w,T)$——水蒸气渗透系数,kg/(m·s·Pa),与含湿量 w 和温度 T 有关;

∇P_v——水蒸气压力梯度,Pa/m。

因此,总蒸汽流速的表达式如下:

$$J_v = v\rho_v - \delta_v \nabla P_v \qquad (2\text{-}11)$$

水蒸气渗透系数与材料内部的孔隙结构密切相关。用双孔结构模型描述多孔材料内部的传湿过程,其内部分为连续结构孔隙传湿和平行结构孔隙传湿过程。实际的多孔介质材料包含连续和平行结构的孔隙小体,当水蒸气通过多孔材料时,蒸汽分子由于张力被聚集在孔隙表面。随着蒸汽分子的不断聚集,表面张力不足以束缚蒸汽分子,这些微粒开始在孔隙表面移动,这种现象叫表面扩散,湿组分流在该过程中不断增加。水蒸气渗透系数随温度的升高而增加,但是由于缺乏足够的数据,因此大多数的热湿模型并未考虑温度对水蒸气系数的影响。

(2)液态水流速

多孔材料内的液态水流速驱动势为毛细压力,毛细吸附压力的基本机理为对流。孔隙之间的液态水传递可看成扩散现象,并且液态水流速也可以用Fick定律表示,即液态水流速为湿扩散系数与体积含湿量梯度的乘积,如下式所示:

$$J_1 = - D_w(w,T)\nabla w \qquad (2\text{-}12)$$

式中 J_1——液态水流速,kg/(m²·s);

$D_w(w,T)$——湿扩散系数,m²/s;

∇w——体积含湿量梯度,kg/m⁴。

其中,湿扩散系数由吸湿测试得到,将样本的一侧与液态水接触,记录样本随时间增加的质量,然后利用波尔兹曼转换式对记录数据进行处理,得到湿扩散系数与含湿量之间的关系式。由于含湿量是经验驱动势而不是热力学驱动势,它不能描述传湿过程中有空气滞留和盐分迁移存在等复杂现象。因此,利用含湿量梯度作为液态水流速的驱动势是不够准确的。然而渗透法被证明是描述液态水流动的最佳方法,其以定律的形式表示,即液态水流速的驱动势为毛细压力梯度且液态水渗透系数为传湿系数,以下式表示:

$$J_1 = - D_w(\omega,T)\nabla\omega = - D_w \frac{\partial \omega}{\partial P_1}\nabla P_1 = D_1 \nabla P_1 \qquad (2\text{-}13)$$

$$D_1 = - D_w \frac{\partial \omega}{\partial P_1} \qquad (2\text{-}14)$$

式中 D_1——液态水渗透系数,kg/(m·s·Pa);

∇P_1 ——液态水的压力梯度，Pa/m。

2.3.3　等温传湿与非等温传湿

（1）等温传湿

多孔材料内的总湿流速包括水蒸气流速和液态水流速，用下式表示：

$$J = J_v + J_1 = -\delta_v \nabla P_v + v\rho_v + D_1 \nabla P_1 \tag{2-15}$$

等温条件下，温度恒定，湿平衡方程可表示为：

$$\frac{\partial w}{\partial T} = -\nabla(J_v + J_1) = \nabla(\delta_v \nabla P_v - v\rho_v - D_1 \nabla P_1) \tag{2-16}$$

（2）非等温传湿

由于室内环境温湿度的不同，模型材料内部通常存在温度梯度，且温度梯度对传湿过程有一定影响。考虑温度梯度存在的情况下，通过模型材料的热湿传递过程将有两个独立变量：热状态变量与湿状态变量。水蒸气分压力 P_v 用相对湿度 H_v 和饱和水蒸气压力 $P_{v,sat}$ 之积表示：

$$P_v = H_v \cdot P_{v,sat} \tag{2-17}$$

考虑温度梯度 ∇T 对传湿的影响，非等温情况下的湿平衡方程为：

$$\frac{\partial w}{\partial T} = \nabla(\delta_v P_{v,sat} \nabla T + \delta_v P_{v,sat} \nabla H_v - v\rho_v - D_1 \nabla P_1) \tag{2-18}$$

2.4　模型材料的传热机理

多孔介质的传热过程包括：固体骨架之间相互接触过程、孔隙中流体的导热过程和孔隙中流体的对流换热。对流换热可以是强迫对流，也可以是自然对流，还可以是二者并存的混合对流，同时也包括液体沸腾、蒸发及蒸汽凝结等相变换热和固体骨架或气体间的辐射换热。大量试验研究和理论分析结果表明，对颗粒直径不超过 4～6 mm 的多孔介质，在孔隙中压强和引力常量的乘积小于 1 000 时，其孔隙中流体的对流换热贡献可忽略不计，而辐射换热贡献只有在固体颗粒之间温差较大且孔隙为真空或被气体占据时才比较明显。

金峰等分析了未饱和含湿多孔介质内热湿耦合作用过程的热迁移机理，提出了热量迁移数学模型，并讨论了在不同边界条件下多孔介质内温度分布的影响情况[105]。

模型材料中的传热可分为导热项和对流项。导热传热以 Fourier 定律表示：

$$dQ = -\lambda\left(\frac{dT}{dz}\right)dA \cdot dt \tag{2-19}$$

式中　dQ——在时间内通过面的热量，W；

$\dfrac{\mathrm{d}T}{\mathrm{d}z}$——$z$ 方向的温度梯度,K/m;

λ——导热系数,W/(m·K);

A——传热面积,m²;

"一"表示热量沿温度降低的方向传递。

导热系数是指在单一物体内由温度梯度(每单位长度的温度差)产生的每单位面积、单位时间的热量传递能力。导热系数不但因物质的种类而异,而且还和温度、湿度等有关。建筑材料的导热系数随温度的升高而增加,随含湿量的升高而降低。温度对建筑材料的导热系数影响较小,可忽略该影响;而含湿量对导热系数的影响则很明显。建筑材料的导热系数与含湿量之间的关系式为[106]:

$$\lambda(w) = \lambda_w + (\lambda_d - \lambda_w)\frac{w_{sat} - w}{w_{sat}} \tag{2-20}$$

式中 λ_w——湿材料的导热系数,W/(m·K);

λ_d——干材料的导热系数,W/(m·K);

w_{sat}——材料的饱和含湿量,kg/m³;

w——材料含湿量,kg/m³。

对流热量 q_{conv} 包括显热热流量和潜热热流量,可用下式表示:

$$q_{conv} = v\rho_a c_{p,a} T + J_v(L_v + c_{p,v}T) + J_l c_{p,l} T \tag{2-21}$$

由于水蒸气流速的计算公式为:

$$J_v = v\rho_v - \delta_v \nabla P_v \tag{2-22}$$

所以上式可表示为:

$$q_{conv} = v\rho_a c_{p,a} T + (v\rho_v - \delta_v \nabla P_v)(L_v + c_{p,v}T) + J_l c_{p,l} T \tag{2-23}$$

式中 L_v——蒸发或冷凝焓,kJ/kg;

$c_{p,a}$——干空气的比热容,kJ/(kg·K);

$c_{p,v}$——水蒸气的比热容,kJ/(kg·K);

$c_{p,l}$——液态水的比热容,kJ/(kg·K);

v——空气流速,m/s。

忽略液态水和水蒸气的显热量,对流热流量可表示如下:

$$q_{conv} = v\rho_a c_{p,a} T + L_v v\rho_v - L_v \delta_v \nabla P_v \tag{2-24}$$

因此,通过模型材料的总热流量为:

$$q = q_{cond} + q_{conv} = -\lambda \nabla T + v\rho_a c_{p,a} T + L_v v\rho_v - L_v \delta_v \nabla P_v \tag{2-25}$$

热量平衡方程为:

$$(c_p\rho + c_{p,1}w)\frac{\partial T}{\partial t} = -\nabla q = \nabla(\lambda\,\nabla T - v\rho_a c_{p,a}T - L_v v\rho_v + L_v\delta_v\,\nabla P_v)$$

$$(2\text{-}26)$$

式中 c_p ——模型材料的比热容,J/(kg·K)。

2.5 模型材料的热湿耦合迁移机理

多孔材料内的热湿传递机理及热湿传递过程非常复杂,在探求迁移机理方面先后发展了能量理论、液体扩散理论、毛细流动理论和蒸发凝结理论等模型,用来解释毛细多孔介质的热湿迁移机制。

热量在多孔介质中传递,一方面,外界热量通过固体颗粒、水和水蒸气及传导的方式传递,增加了整个物质体系的焓;另一方面,水在温度梯度和浓度梯度的作用下扩散,同时发生相变,不断生成水蒸气,水蒸气也在温度梯度和浓度梯度驱动下扩散,因而热量在传导的同时也通过水、水蒸气扩散过程进行传递。因此,未饱和多孔介质中的热扩散和质扩散互为因果,共同形成热质耦合迁移。

相似模型材料内部的湿特性与热特性有很大关系,因为在相似模型材料体内任意一点处的湿组分状态都是热湿共同作用的结果。多孔材料内的热流引起湿流,湿流又通过蒸发和冷凝影响热流,因此需要同时考虑热湿传递过程。为了描述相似模型材料体内的湿传递,作以下假设:① 当相似模型材料的含湿量低于最大吸湿含湿量时,用空气含湿量作为驱动势,假设在较高含湿量时,湿组分瞬间达到平衡。② 忽略温度对水蒸气扩散系数的影响。③ 不考虑滞后影响,忽略温度对材料湿容量的影响。④ 相似模型由多层不同种材料组成,两层材料接触面上的湿传递依赖于两层材料间的传湿阻力。对于紧密接触的模型材料,传湿阻力非常小,并且假设在材料接触界面上达到平衡。⑤ 由于湿组分流在边界处是不连续的,因此假设在材料接触面间无液态水传递。当含湿量非常高时,两相邻材料层之间会有液态水传递,然而在正常条件下,基本不会出现这种现象。⑥ 模型材料颗粒形状和孔隙分布是均匀一致的,构成的模型材料体是各向同性的。⑦ 由于研究的温度范围较小,故认为相似模型材料的物性参数随温度不发生变化。

2.6 本 章 小 结

(1) 对模型材料传湿机理、传热机理以及热湿耦合传递机理分别进行了详细分析,为建立模型材料体热湿耦合传递方程奠定基础。多孔材料中的湿组分传递是蒸汽扩散、液态扩散、表面扩散、克努森扩散、毛细流、纯水力流动以及蒸发与凝结等联合作用的结果。多孔介质的传热过程包括固体骨架之间的相互接触、孔隙中流体的导热和对流换热过程。

（2）分析了孔隙中相对湿度对水化速率的影响，以自干燥作用下相对湿度的变化作为基准，主要分析了水分迁入和迁出对水化速率的影响。基于控制干空气、液态水及水蒸气的质量守恒关系和能量守恒关系，并结合适用于模型材料的各种本构方程建立了数学模型的耦合偏微分控制方程组。

（3）建立了以相对湿度和温度为驱动势的热湿耦合控制方程，将传热传质系数转换成随温度和相对湿度变化的函数。只需知道材料的导热系数、密度、比热容及水蒸气渗透系数即可获得传热传质系数，便于计算。

（4）多孔介质内的热湿传递过程并不是独立存在的，两者同时存在并且相互耦合，传湿主要从以下 3 个方面影响传热过程：① 由于相变（蒸发或冷凝）引起的热源或热汇；② 由于传湿引起的热的传递；③ 湿组分对材料导热系数和比热容的影响。传热过程中引起的温差又同时影响湿组分的传递。

（5）以最新的多孔介质传热传质理论为基础，分析了模型材料内的热湿耦合传递规律。根据单元体守恒定律（质量、能量和动量守恒定律）建立了模型材料热、空气、湿耦合传递非稳态模型。该模型考虑了热传递、空气渗透、湿传递以及它们之间的相互耦合作用，并将湿传递分为蒸汽扩散传递和液态水传递两部分。

3 光纤湿敏传感器研制
与水分扩散系数测量

3.1 光纤湿敏传感器研制

3.1.1 光纤光栅传感原理

光纤 Bragg 光栅(FBG)是一种性能优良的反射滤波无源敏感元件,通过布拉格反射波长的移动来感应外界微小应力-应变的变化而实现对结构在线测量。当光纤中的光波通过 Bragg 光栅时,因折射率变化,光波将会被分为反射光和透射光两部分,满足 Bragg 光栅的光波将被反射回来,不满足的将会被透射出去。而光栅周期(光栅栅距)Λ 和反向耦合模的有效折射率 n_{eff} 的共同作用决定了光纤 Bragg 光栅的反射光或透射光的波长,所以能够引起这两个参量的改变就会使通过光纤 Bragg 光栅的光的波长产生漂移。

以麦克斯韦经典方程为基础,结合光纤耦合波理论,当满足相位匹配条件时,可以得到通过光纤 Bragg 光栅的光的波长 λ_B 的基本表达式:

$$\lambda_B = 2n_{eff}\Lambda \tag{3-1}$$

式中 λ_B——光纤 Bragg 光栅中心波长;

      n_{eff}——光纤 Bragg 光栅有效折射率;

      Λ——光纤 Bragg 光栅的栅距。

光纤光栅传感器的工作原理:直接或间接通过黏结剂与被测物体接触,使被测物体上的应变或温度传递到光纤光栅上,从而使光纤 Bragg 光栅中心波长产生漂移。通过试验建立光纤光栅中心波长漂移量与被测物理量之间的数学关系,就能够将监测到的光纤光栅中心波长漂移量进行转换得到被测物理量的值。光纤光栅传感原理如图 3-1 所示。

从光栅方程出发,当外界温度改变时,对方程式(3-1)进行温度 T 微分,可得温度变化 T 导致光纤 Bragg 光栅的相对波长移位为:

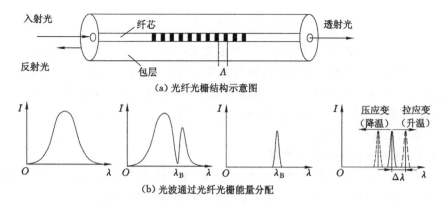

(a) 光纤光栅结构示意图

(b) 光波通过光纤光栅能量分配

图 3-1　光纤光栅传感原理

$$d\lambda_B = 2(\Lambda \frac{dn_{eff}}{dT} + n_{eff} \frac{d\Lambda}{dT})dT + 2\left[(\Delta n_{eff})_{ep} + \frac{dn_{eff}}{d\beta}d\beta \right]\Lambda \qquad (3\text{-}2)$$

式中,令 $\zeta = \frac{1}{n_{eff}} \frac{dn_{eff}}{dT}$,即代表光纤光栅的热光系数;$\alpha = \frac{1}{\Lambda} \frac{d\Lambda}{dT}$,即代表热膨胀系数;$(\Delta n_{eff})_{ep}$ 代表热膨胀引起的弹光效应;$dn_{eff}/d\beta$ 代表热膨胀导致光纤芯径变化而产生的波导效应。

当材料确定后,光纤光栅对温度的灵敏度系数基本上为与材料系数相关的常数,对于掺锗石英光纤,如不考虑外界因素的影响,则温度灵敏度基本上取决于材料的折射率温度系数,而弹光效应和波导效应对光纤光栅的波长移位的影响甚微。光纤 Bragg 光栅的相对波长移位可表示为:

$$d\lambda_B = 2(\Lambda \frac{dn_{eff}}{dT} + n_{eff} \frac{d\Lambda}{dT})dT \qquad (3\text{-}3)$$

将式(3-3)两端分别除以式(3-1)的两边项,可得:

$$\frac{d\lambda_B}{\lambda_B} = (\frac{1}{n_{eff}} \frac{dn_{eff}}{dT} + \frac{1}{\Lambda} \frac{d\Lambda}{dT})dT \qquad (3\text{-}4)$$

$$\frac{d\lambda_B}{\lambda_B} = (\zeta + \alpha)dT \qquad (3\text{-}5)$$

式(3-5)为光纤 Bragg 光栅温度变化与光栅波长之间的关系式。与光纤光栅对应变的传感相同,其对温度传感特性系数也是一个常数,且与光纤光栅的材料系数有一定的关系,由于光纤光栅的这些特性,使得其作为温度传感器具有非常稳定且良好的线性输出性能。常用的石英光纤常数为:热膨胀系数 $\alpha = 0.55 \times 10^{-6}/℃$,热光系数 $\zeta = 8.6 \times 10^{-6}/℃$。

令 $\alpha_T = \alpha + \zeta$,则 α_T 可看作光栅温度和其中心波长之间的灵敏度系数,由此可得:

$$\frac{\Delta \lambda_B}{\lambda_B} = \alpha_T \Delta T \tag{3-6}$$

式(3-6)为光纤光栅波长漂移量与温度之间的对应关系式,通过该计算式可将试验监测到的波长漂移量转换为温度变化量。然而在实际应用中,应变也是光纤 Bragg 光栅的一个敏感量。所以在试验过程中,必须保证光纤 Bragg 光栅不受任何应变影响,本书选择陶瓷对光纤 Bragg 光栅进行封装,使其在检测温度时不受应变影响。

3.1.2 光纤光栅湿度传感原理

光纤 Bragg 光栅本身对湿度不敏感,但当在对光纤 Bragg 光栅进行湿敏处理后,其传感机理就如温度与应变同时作用于布拉格光栅的传感机理类似。本书中采用的是在光纤 Bragg 光栅栅区表面涂敷湿敏材料的方法。当周围环境的相对湿度发生变化时,包裹在光纤 Bragg 光栅栅区上的湿敏材料体积发生变化,沿光纤 Bragg 光栅栅区轴向方向产生应力,进而将外界的湿度变化转换为光纤 Bragg 光栅中心波长的偏移。光纤 Bragg 光栅中心波长偏移量与相对湿度变化满足以下关系:

$$\frac{\Delta \lambda_B}{\lambda_B} = (1 - P_e)\varepsilon_{RH} + (1 - P_e)\varepsilon_T + \zeta \Delta T \tag{3-7}$$

式中　ε_T——涂敷湿敏薄膜后光纤热膨胀系数;

　　　ε_{RH}——湿敏薄膜的湿膨胀系数,且分别为:

$$\varepsilon_{RH} = \left[\frac{A_P E_P}{A_P E_P + A_f E_f}\right](\alpha_{P1} - \alpha_{f1})\Delta H \tag{3-8}$$

$$\varepsilon_T = \left[\frac{A_P E_P}{A_P E_P + A_f E_f}\right](\alpha_{P2} - \alpha_{f2})\Delta T \tag{3-9}$$

式中　A_P, A_f——薄膜和光纤的截面积;

　　　E_P, E_f——薄膜和光纤的杨氏模量;

　　　α_{P1}, α_{P2}——湿敏薄膜的湿膨胀系数和热膨胀系数;

　　　α_{f1}, α_{f2}——光纤的湿膨胀系数和热膨胀系数。

由上述公式可看出,湿度和温度对光纤 Bragg 光栅中心波长变化的作用表现为相互独立、可线性叠加。由式(3-5)和式(3-6)可知,增大湿敏聚合物涂层半径 t 和光纤 Bragg 光栅与 PI 薄膜之间的表面结合系数或降低光纤包层厚度均可提高光纤 Bragg 光栅湿敏传感器的湿度灵敏度。

3.1.3 光纤光栅湿敏传感器制备

(1)湿敏材料的选型

光纤 Bragg 光栅对温度和应变的变化感应异常灵敏,而对湿度变化敏感性很差,因此,需要在光纤的外表面涂上一层感湿材料以增大光纤光栅对湿度变化的敏感性。

目前对感湿材料的感湿特性已有很多研究。按感湿材料的材质分类,可以分为:① 烧结型半导体陶瓷材料,如 $MgCr_2O_4$-TiO_2、$BaTiO_3$-$SrTiO_3$、Mn_3O_4-TiO_2等;② 瓷粉型感湿材料,又称为涂敷膜型陶瓷材料,如 Fe_3O_4、Al_2O_3等;③ 多孔氧化物感湿材料,如 SiO_2、Al_2O_3等;④ 元素半导体感湿材料,常见的有 Ge 膜、C 膜及 Si 烧结膜;⑤ 电解质类感湿材料,如高分子羟乙基纤维素碳、高分子聚苯乙烯磺酸锂等;⑥ 复合材料聚酸亚胺感湿材料;⑦ 复合材料环氧-酚醛树脂感湿材料。按感湿材料的感湿特征值分类,可以分为:① 电阻变化量类感湿材料;② 电容变化量;③ 线性膨胀量,如碳纤维复合材料、聚酰亚胺复合材料、环氧-酚醛树脂复合材料等。

根据光纤光栅感湿原理,在选择感湿材料时,需要湿敏材料能有效传递应变,感湿材料的感湿特征值必须是线性膨胀量。而湿膨胀量是一个微小量,横向变形几乎为零,纵向变形也只有几十微米,所以要求膨胀量精度较高。与热膨胀不同,湿膨胀与水分含量的关系要在很长时间内进行测量,所以要求湿膨胀线性度好、感应湿度量程大、工作温度范围宽、灵敏度高、响应时间短、湿滞误差小、长期稳定性好等。

从化学角度来看,在实际应用环境(如烟气、大气等)中可能接触到的物质成分非常复杂,其性质大致可分成 4 类:① 酸性气体;② 碱性气体;③ 氧化性气体;④ 还原性气体。为了实现湿敏传感器在实际环境中稳定可靠地使用,其材质本身必须对以上气体呈现很强的惰性,即材质不具备或只有很弱的碱性、酸性、还原性及氧化性,才能保证其产生不可逆的化学反应,才能使传感器的性能不至于变差乃至失效。另外,材料本身还需对光有惰性,不能发生光化学反应。从实用角度考虑,还应对一些结构性杂质和灰尘及油污采取有效的隔离手段,加保护层是可供选择方案之一。

经过对数十种湿敏材料的对比分析,初步确定碳纤维复合材料、环氧-酚醛树脂湿敏材料和聚酰亚胺复合材料为较理想的试验感湿材料。

碳纤维复合材料是一类高分子聚合物,其体积膨胀的特性使其可用来作为湿敏材料。它具有良好的感湿性,吸收水分后其湿膨胀线性度较好。环氧-酚醛树脂湿敏材料对水异常敏感,但水也将促使该复合材料发生物理降解,影响其物理及力学性能。环氧-酚醛树脂材料在热湿环境中,吸湿特性显著,但湿膨胀线性度较差。

聚酰亚胺薄膜的性能良好,耐高温、耐腐蚀、湿膨胀线性度好,它的机械性能、介电性能、耐辐射性能好,因此聚酰亚胺薄膜是一种很好的感湿材料,在湿敏传感器中的应用越来越广。其测湿量程宽,精度高,性能稳定。

再次考察上述三种湿敏材料,具有良好的湿膨胀线性度和抗干扰能力强的材料是碳纤维复合材料和聚酰亚胺湿敏材料。从材料的响应时间和对温度系数的要求来看,聚酰亚胺湿敏材料具有上述所有特性,是一种较为理想的材料,满足光纤 Bragg 光栅对湿度传感的要求。

(2) 聚酰亚胺溶液的配置

在室温下,向 250 mL 的三口烧瓶中加入一定体积的 N-甲基吡咯烷酮(NMP),通入氮气,并加入一定量的 4,4'-二氨基二苯醚(ODA),搅拌待完全溶解后,再按计量比分批向三口烧瓶中添加略微过量的均苯四甲酸二酐(PMDA)(PMDA 与 ODA 的摩尔比为 1.02:1),以均匀速度搅拌,连续反应 6 h 后得到透明淡黄色的聚酰胺酸(PAA)溶液。随后,加入一定量的乙酸酐与吡啶的混合溶液进行化学亚胺化,搅拌反应 24 h 得到淡黄色的聚酰亚胺溶液(PI 溶液)。PI 溶液配置过程中化学反应如图 3-2 所示。

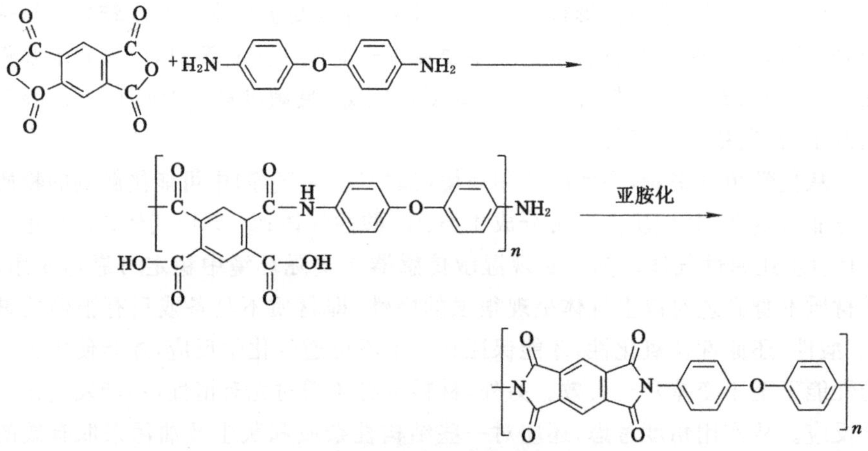

图 3-2 聚酰亚胺溶液制备反应式

为了确定合适浓度的聚酰亚胺溶液,分别配置了浓度为 2%、12%、20%、30% 的溶液。通过对比这些浓度的溶液涂敷在光纤上的难易程度和这些溶液凝固后的吸水能力确定出合适的浓度。通过试验得出,溶液浓度越高即聚酰亚胺的含量越高,其吸水能力越强,但是同时其也越难以在光纤上涂敷均匀。因此本书选择浓度为 12% 的聚酰亚胺溶液为试验所用的溶液。

(3) 聚酰亚胺的湿敏特性研究

本节对自行配置的聚酰亚胺材料的湿敏特性进行初步研究,确定该材料的吸水能力,为下一步的传感器探头制作做铺垫。将聚酰亚胺溶液放在培养皿中,待聚酰亚胺溶液在自然环境中凝固后,再将聚酰亚胺固体制成圆饼状并放入干燥箱内进行干燥,确保聚酰亚胺固体体内无水分。取出聚酰亚胺固体称量并测量其直径,把固体放入恒温水中进行吸水,待一定时间间隔,取出固体,去除表面水分后称量并再次测量其直径。

用来称聚酰亚胺固体质量的电子天平精度为 0.001 g。用游标卡尺来测量聚酰亚胺固体的直径变化,游标卡尺的精度为 0.02 mm。为了精确,每次测量直径的位置都固定且取两个地方的直径来测量,最后取其平均值。聚酰亚胺具有良好的吸水性,且吸水后质量和直径的变化明显、反应快。其直径在吸水 150 s 后保持不变,质量在吸水 25 s 后保持不变。

(4) 传感器制备步骤

光纤 Bragg 光栅湿敏传感器的制作步骤包括:

① 清洁。把带有 Bragg 光栅的光纤表面用酒精进行擦洗处理,保证光纤表面清洁,提高光纤与湿敏材料的黏合度。

② 表面预处理。光纤 Bragg 光栅表面预处理有利于提高聚酰亚胺薄膜与光纤 Bragg 光栅栅区之间的结合能力。为了增强聚酰亚胺对附着光栅的应力传递,经过比较选中 N-羟乙基乙二胺作为耦合剂,其可与光纤 Bragg 光栅包层的羟基相结合,与聚酰亚胺的氨基相结合。N-羟乙基乙二胺化学表达式为 $C_4H_{12}N_2O$,是浅黄色至黄色透明状黏稠液体。它有吸湿性,呈强碱性,微有氨气味,能与水和醇相混溶,微溶于醚。使用 N-羟乙基乙二胺配去离子水,浓度约为 0.05%。先用酒精对光纤 Bragg 光栅表面进行擦洗处理,保证光纤面清洁,之后将清洁好的光纤 Bragg 光栅放入 N-羟乙基乙二胺溶液中浸泡 3 min,再将其表面残余的 N-羟乙基乙二胺溶液烘干。使用 N-羟乙基乙二胺加强光纤 Bragg 光栅栅区与聚酰亚胺耦合的原理如图 3-3 所示。

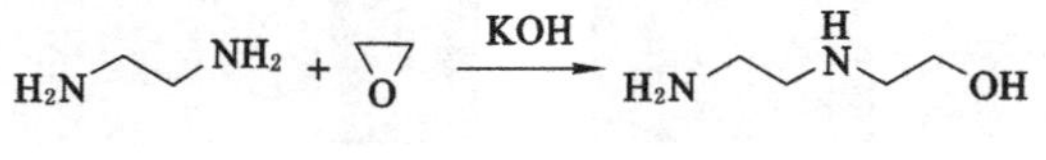

$$H_2N\!-\!\!-\!\!NH_2 + \overset{O}{\triangle} \xrightarrow{KOH} H_2N\!-\!\!-\!\!\overset{H}{N}\!-\!\!-\!\!OH$$

图 3-3 N-羟乙基乙二胺增强光纤 Bragg 光栅栅区与 PI 薄膜耦合的原理

③ 涂敷与固化。将 PI 溶液涂敷于裸光纤 Bragg 光栅上,栅区长 30 mm,加热到200 ℃固化形成薄膜。具体过程是:以 0.1 mm/s 的速度缓慢涂敷一次即一层,将镀有 PI 薄膜的光纤 Bragg 光栅放入电热鼓风干燥箱中加热,从室温升高到 80 ℃的期间升温速度为 1 ℃/min,以保证薄膜内外层加热均匀,在 80 ℃时保持 30 min;再加热至 150 ℃,待充分形成薄膜;由 150 ℃加热到 200 ℃时升温速度为 3 ℃/min,期间分别在 160 ℃、180 ℃时恒温 30 min,使 PI 薄膜完全亚胺化;在 200 ℃时保持 2 h,使 PI 薄膜固化;然后拿到室温中降温冷却,重复上述过程计一次。裸光纤 Bragg 光栅的包层直径为 125 μm,由

其可制作不同涂敷厚度的光纤 Bragg 光栅。

④ 涂敷后的表面形态观察。利用 JSM-6460LV 型扫描电镜得未涂敷 PI 薄膜的光纤 Bragg 光栅的 SEM 图片，如图 3-4 所示。涂敷后的光纤 Bragg 光栅经筛选，得到四种典型的表面特征（图 3-5）。图 3-5(a)特征为表面均匀，没有明显的气孔；图 3-5(b)特征为表面均匀，有明显的层状气孔；图 3-5(c)特征为整个圆柱形的一部分是均匀无气孔，另一部分是层状气孔；图 3-5(d)特征为表面有明显的沿光纤轴向的条形纹理。

图 3-4　光纤 Bragg 光栅涂敷前的 SEM 图片

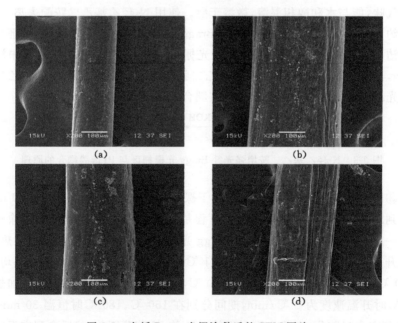

（a）　　　　　　　　　（b）

（c）　　　　　　　　　（d）

图 3-5　光纤 Bragg 光栅涂敷后的 SEM 图片

⑤ 封装。所制备的光纤 Bragg 光栅湿敏探头应避免弯曲以防应力对湿度测量造成影响,应根据需要设计合适的封装形式。

3.1.4　光纤光栅湿敏传感器优化选型

本书所设计的光纤 Bragg 光栅湿敏传感器是通过涂敷在光纤栅区表面的湿敏材料——聚酰亚胺薄膜遇湿后体积变化,从而使栅区轴向拉伸,光纤 Bragg 光栅的中心波长也随之发生变化,由此建立起 Bragg 光栅的中心波长与湿度变化的关系。因此,膜的均匀性与厚度对薄膜遇湿后体积膨胀所产生的应力的传递有着重要的影响。

（1）试验系统搭建

为了测定光纤湿敏传感器的性能,搭建了实时测试试验系统。将光纤 Bragg 光栅湿敏传感器放在恒温恒湿箱中,调节恒温恒湿箱的湿度变化,然后由内置的湿敏传感器读取湿度箱中的温湿度值。湿敏传感器的另一头由跳线引出连接至 SM125 型光纤光栅解调仪。环境温湿度调节使用的是 HS-50 型恒温恒湿箱,其相对湿度调节精度为 0.5%。通过解调仪可读出湿度传感探头的布拉格中心波长的变化情况。光纤湿敏传感器标定试验系统如图 3-6 所示。

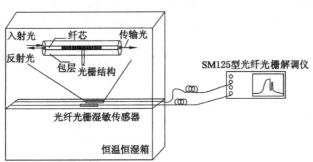

图 3-6　光纤湿敏传感器标定试验系统

SM125 型光纤光栅解调仪是美国 Micro Optics 公司生产的光纤光栅解调仪,如图 3-7 所示。该解调仪采用 Micro Optics 公司专利技术校正波长扫描激光器,解调仪的分辨率为 1 pm,可重复性为 2 pm,可分辨的最小波长间隔为 0.5 nm;具有 4 个光学通道,每个通道最多可以串联 128 个光纤 Bragg 光栅传感器;可解调波长范围为 1 510～1 590 nm,因此,它具有精度高、灵敏度好、可靠性高和测量点多等优点。该解调仪内部采用可调谐光纤法布里-滤波器进行解调,解调频率最高可达 244 Hz,内部配备标准的以太网接口,可以使用 TCP/IP 协议传输数据。

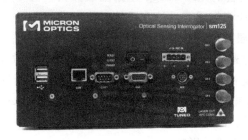

图 3-7　SM125 型光纤光栅解调仪

（2）涂敷膜厚度对湿敏传感特性的影响

由于该湿敏传感器的性能与所涂敷的聚酰亚胺薄膜的层数存在密切关系，根据式（3-4）可知，薄膜越厚，传感器灵敏度越高。为探究薄膜厚度对传感器稳定性以及线性误差的影响，分别对涂敷了 6 μm、26 μm、50 μm、85 μm、185 μm、172 μm、150 μm、240 μm 和 336 μm 厚的聚酰亚胺薄膜的光纤 Bragg 光栅湿敏传感器性能进行了试验，以望得到最优涂敷厚度。先将光纤 Bragg 光栅湿敏传感器放入恒温恒湿箱中，相对湿度变化范围为 25%～95%，则光纤 Bragg 光栅湿敏传感器中心波长偏移量与湿度的关系如图 3-8(a)所示；保持箱内湿度恒定，温度变化范围为 20～80 ℃，则传感器波长偏移量与温度的关系如图 3-8(b)所示。

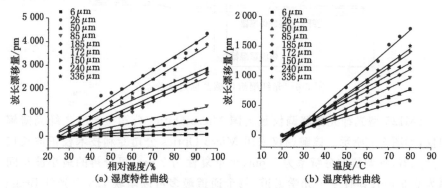

(a) 湿度特性曲线　　　(b) 温度特性曲线

图 3-8　涂敷不同厚度 PI 薄膜的光纤 Bragg 光栅的温湿度特性曲线

在湿度（或温度）灵敏度方面，涂敷不同厚度的 PI 薄膜光纤 Bragg 光栅湿敏传感器的中心波长漂移量随湿度（或温度）变化曲线的拟合方程为：

$$y = a + b \times x \tag{3-10}$$

式中　x——湿度（或温度）；

　　　y——光纤 Bragg 光栅湿敏传感器的中心波长漂移量；

　　　a——待定系数，为传感器的某种基准；

　　　b——湿度（或温度）灵敏度系数。

涂敷不同厚度 PI 薄膜的光纤 Bragg 光栅湿敏传感器的湿度（或温度）灵敏度如表 3-1 所列。

表 3-1　涂敷不同厚度 PI 薄膜的光纤 Bragg 光栅的湿度和温度灵敏度

涂敷层厚度/μm	6	26	50	85	185	172	150	240	336
相对湿度灵敏度/(pm/%)	1.37	5.30	10.67	18.85	38.41	40.99	39.03	57.80	54.50
温度灵敏度/(pm/℃)	13.25	10.26	13.46	17.43	18.70	20.54	24.53	31.66	25.89

根据表 3-1 所列，在湿度灵敏度方面，聚酰亚胺薄膜越厚，湿敏传感器的湿度灵敏度越高；厚度越小，湿度灵敏度越低。这与式（3-7）中传感器湿度灵敏度的高低与涂敷层厚度的关系是一致的。

在温度灵敏度方面，总体趋势是聚酰亚胺薄膜越厚，温度传感器的温度灵敏度越高；厚度越小，温度灵敏度越低。其中，涂敷厚度为 26 μm 要比附近厚度的温度灵敏度低，336 μm 的温度灵敏度要低于 240 μm 的，主要原因可能与表面特征的不同导致聚酰亚胺薄膜膨胀变形的差异有关。

（3）涂敷方式的确定

涂敷在光纤 Bragg 光栅表面的聚酰亚胺湿敏薄膜的均匀程度对湿度传感探头的性能有着重要的影响。为了使涂敷的湿敏薄膜尽量均匀，在涂敷薄膜时综合考虑了如实验设备等诸多外在因素，最终选择了浸涂法。浸涂法的优点在于可以通过多次涂敷使所涂敷的薄膜达到均匀。试验使用相同浓度的聚酰亚胺溶液进行镀膜，在光纤 Bragg 光栅的栅区分别将 PI 薄膜厚度涂敷为 6 μm、26 μm、50 μm、85 μm、185 μm、172 μm、150 μm、240 μm、336 μm。在涂敷的过程中，可观察出当涂敷厚度较小或较大时，控制聚酰亚胺溶液在栅区涂敷得均匀是比较困难的，容易导致涂敷不均匀。

（4）表面孔隙分布对传感响应时间的影响

本节研究了 3 种具有相同厚度、不同表面孔隙直径的 PI 涂层的光纤湿敏传感器的湿度传感特性。对测试得到的波长漂移量曲线进行数学归一化处理，用于研究传感器在实验室条件下，温度固定不变，相对湿度从 5%到 95%的响应时间，如图 3-9 所示。3 个图分别是表面孔隙直径小于 1 μm、大于 1 μm 小于 20 μm 和大于 20 μm 小于 50 μm 的响应时间。通过分析这些数

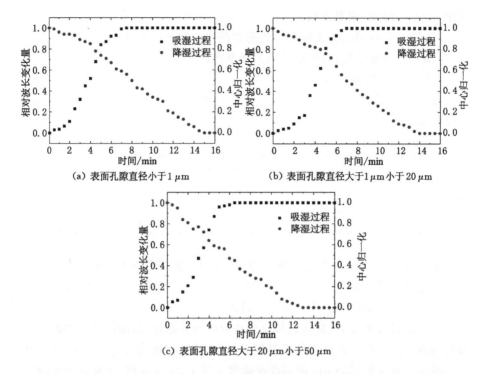

(a) 表面孔隙直径小于1μm (b) 表面孔隙直径大于1μm小于20μm

(c) 表面孔隙直径大于20μm小于50μm

图 3-9　不同表面孔隙直径条件下吸湿和降湿过程中光纤湿敏传感器的响应时间

据,可以得到涂层表面孔隙率直径越大,吸湿响应时间越短,而对降湿响应时间的影响不明显,这为进一步提高该类型光纤湿敏传感器的响应时间,进而将应用范围拓宽至高动态响应环境中提供了可行的研究方向。

3.2　模型干燥试验及水分扩散系数测量

3.2.1　光纤湿敏传感器封装及标定

（1）光纤湿敏传感器封装

传感器的封装对传感器有着重要的作用。选取合适的封装形式可以保护传感器,尤其是像由光纤 Bragg 光栅制备而成的传感器,因为光纤本身较为纤细,若受到较大的应力容易对光纤造成很大的伤害,甚至是断裂。因此设计合适的封装,对该湿敏传感器有着极为重要的意义。为了使光纤 Bragg 光栅湿敏传感器能够更好地满足实际监测环境的要求并且能够对栅区起到保护作用,本书设计了专门的光纤 Bragg 光栅湿敏传感器封装形式,如图 3-10 所示。

经过对各个可用于封装的材料的研究比较,考虑到该材料要在湿度环境

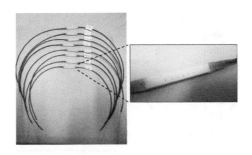

图 3-10 光纤 Bragg 光栅湿敏传感器的封装

中不易被锈蚀且方便加工等问题,利用 3D 打印技术自行设计并制作了光纤湿敏传感器的封装体,所用材料为光敏树脂,形状为长方体。为了使传感器在封装体内部既能得到保护,又不影响其湿度传感特性,因此在封装体设计初期,就设计了若干个直径为 1 mm 的小孔,以保持栅区能快速感受到外部环境湿度变化,栅区在封装体内部保持悬空状态。对封装好的光纤湿敏传感器进行标定,测定其温度传感特性、湿度传感特性、重复性和响应时间。

(2)温度传感特性

根据前文所做的研究准备,综合考虑湿度传感探头的各项性能,选择涂敷厚度为 37 μm 聚酰亚胺薄膜的湿度传感探头,并将其制备成用于模型材料试件内部监测的湿敏传感器。为了对涂敷厚度为 37 μm 聚酰亚胺薄膜的传感器的性能了解得更加准确,对其各项性能进行了进一步的研究,并对温度补偿做了一定的研究。

湿度的变化往往是伴随着温度变化的,为考察温度因素对该湿敏传感器性能的影响,并且为进一步的温度补偿做准备,将涂敷厚度为 37 μm 聚酰亚胺薄膜的光纤 Bragg 光栅湿敏传感器放入湿度恒定的温控箱中,得到该传感器在 20 ℃到 80 ℃的温度特性曲线(图 3-11)。

由图 3-11 可知,涂敷厚度为 37 μm 聚酰亚胺薄膜的光纤 Bragg 光栅的中心波长偏移量与温度变化仍然呈线性关系,拟合度为 0.981 79。这与光纤 Bragg 光栅未涂敷聚酰亚胺薄膜时的情况保持一致,说明聚酰亚胺薄膜及其涂敷方法并未影响光纤 Bragg 光栅传感器的温度敏感特性,此时光纤 Bragg 光栅的温度灵敏度为 11 pm/℃。

(3)湿度传感特性

为获得光纤 Bragg 湿敏传感器的湿度传感特性,将其放置于恒温恒湿箱中,调节恒温恒湿箱的湿度,让相对湿度在 25%到 95%之间逐渐上升,可得到该传感器在此相对湿度范围内的湿度特性曲线,如图 3-12 所示。由图可知,

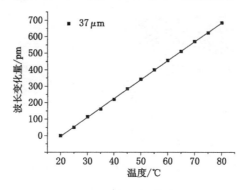

图 3-11 光纤 Bragg 光栅湿敏传感器的温度性能

光纤 Bragg 光栅湿敏传感器的中心波长偏移量与湿度变化呈良好的线性关系,该湿度曲线拟合度为 0.978 03。

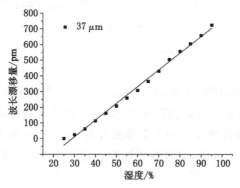

图 3-12 光纤 Bragg 光栅湿敏传感器的湿度性能

通过式(3-2)表明温度和湿度对该传感器中心波长的影响是相互独立且可线性叠加的,因此以拟合的温度曲线(图 3-11)作为温度补偿依据,对该传感器进行温度补偿,可消除温度对布拉格中心波长偏移量的影响。在消除温度对湿度监测的影响后,该湿敏传感器仅在湿度影响下与波长漂移量呈线性关系,相对湿度灵敏度为 1.3 pm/%。

(4)重复性

重复性也是衡量一个传感器优劣的一个重要指标。在室温为 35 ℃ 的情况下,连续两次将该湿敏传感器放在湿度箱中,让相对湿度从 25% 逐渐升至 95%。通过对所得的试验数据进行分析,该湿敏传感器的重复性误差为 1.32%,如图 3-13 所示。

(5)响应时间

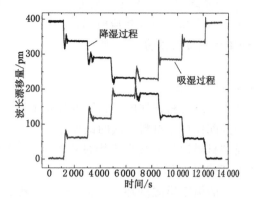

图 3-13　光纤 Bragg 光栅湿敏传感器重复性

为了获得该湿敏传感器的响应时间,测试了不同涂层厚度的光纤湿敏传感器的响应时间,温度恒定在 30 ℃,相对湿度在 60％和 55％之间翻转变化。传感器的响应过程被时时记录下来,如图 3-14 所示。

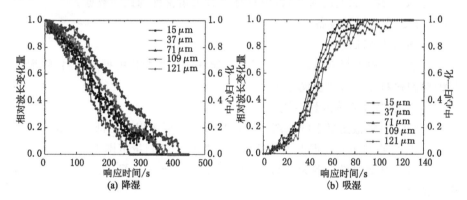

图 3-14　不同涂层厚度的光纤 Bragg 光栅湿敏传感器降湿和吸湿的响应时间

对波长漂移量的数据曲线进行归一化处理,以显示整个响应过程中光纤 Bragg 光栅湿敏传感器所消耗的时间。根据数据分析可知,最薄和最厚涂敷层的传感器的吸湿响应时间分别约为 70 s 和 110 s;最薄和最厚涂敷层的传感器的降湿响应时间分别约为 265 s 和 436 s。

光纤 Bragg 光栅湿敏传感器的吸湿过程响应时间约为降湿过程响应时间的四分之一。在吸湿过程中,传感器的响应速率先增大后减小。在降湿过程中,传感器的响应速率大致相同。研究表明,聚酰亚胺涂层光纤 Bragg 光栅湿敏传感器的吸湿和降湿响应时间随涂层厚度的增加而增加。在降湿过程中,只有 37 μm 厚度涂层的光纤 Bragg 光栅湿敏传感器响应时间小于 15 μm 厚度涂层的光纤 Bragg 光栅湿敏传感器响应时间。

3.2.2 模型材料一维传热传湿试验

（1）试验设计

在试验设计中考虑以下几点。

① 研究目标：考察模型材料试件内部温湿度分布及发展规律；

② 研究对象：不同配比模型材料制成的试件；

③ 测量时间：模型材料试件的整个干燥过程时间，在本研究中具体指模型材料从制成至充分干燥的时间；

④ 试验条件：可控的恒定温湿度环境，实现模型材料试件在一维条件下的传热、传湿；

⑤ 湿度测量：包含石膏水化和水分散失两个方面对模型材料内部湿度的作用，并采用表面覆膜与不覆膜的方法将二者加以区分；

⑥ 温湿度测量中体现对模型材料试件不同位置处温湿度梯度的测量；

⑦ 实现数据的实时采集，得到具有足够采集密度的试验数据。

（2）试验材料及设备

① 模型材料试块

本书所用模型材料试块为自行制备，配置了 6 种配比的模型材料，将配置好的模型材料放入有机玻璃盒中。

② 光纤温湿传感测量系统

光纤温湿传感测量系统如图 3-15(a)所示，主要由以下三部分组成：

a. 自行研制的光纤温湿度传感器。其相对湿度测量范围为 0～100%，误差<0.5%；温度测量范围为 −20～120 ℃，误差为 ±0.5 ℃，由温湿度传感器输出光信号。

b. 有机玻璃盒。其外形尺寸为 16 mm×16 mm×16 mm。

c. 温湿度数据采集系统。包括 SM225 型光信号解调仪和数据采集软件，将温湿度传感器采集的温湿度光信号转化为电脑可识别的模拟信号，并自动记录和储存。光纤湿敏传感器的数据处理软件是根据之前标定测试得到的光纤湿敏传感器基本参数而自行编制的数据处理软件，它能把光信号解调仪获取的数据做后期处理。

（3）试验过程

为确保水分和热量沿试件高度方向一维传输，在模具内表面衬上一层塑料膜，并在模具外围和底部用泡沫板做维护，这样模型材料只有上面浇筑面与空气接触，可认为其湿、热按一维传输。模型材料配置完成后，在铺设过程中，在相

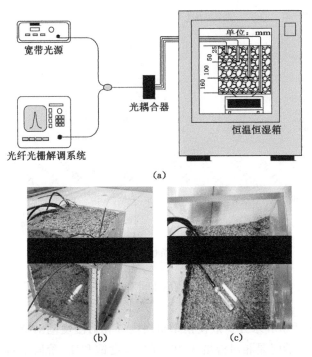

图 3-15　光纤温湿传感测量系统和传感器布置

同设定的位置处放置光纤温湿度传感器,植入距离分别为 25 mm、50 mm、100 mm、160 mm。传感器在模型材料试件中的放置位置如图 3-15(b)、(c)所示。

　　在并行试验的两个试件中,一个试件的表面用塑料薄膜密封,另一个试件的表面直接与空气接触。最后,打开光信号解调仪,设置每隔 2 s 记录一次读数。

3.2.3　试验结果分析

　　模型材料试块内部湿度分布包括在时间域与空间域两个维度上的变化规律。通过试验测量了模型材料试块分别在表面覆膜和表面暴露两种状态下不同深度处的内部相对湿度,测量结果如图 3-16 所示。

　　模型材料试块初期,由于水的密度小于固相组分密度,即使在拌和均匀、和易性良好的模型材料中也不可避免地发生泌水与沉降。该过程通常会形成自上而下水分含量逐渐增大的初始水分分布。之后随着干燥时间的增长,模型材料拌和中加入的水有三个去向:一是和石膏发生水化反应形成水化产物,其以化学结合水的形式存在;二是在发生的物理扩散过程中散失到环境中或迁移到别处;三是留在模型材料孔隙结构中,以物理结合水、毛细孔水或自由水的形式存在。留在模型材料孔隙结构中的水的存在形成了模型材料内部相

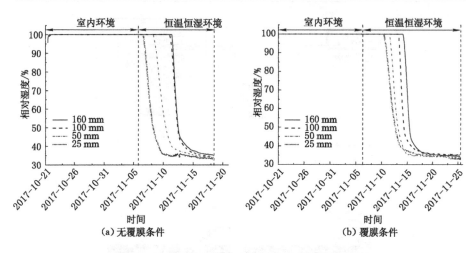

图 3-16　无覆膜与覆膜条件下湿度分布及变化曲线

对湿度,而水化耗水和水分扩散则在时间和空间上对相对湿度分布产生了
影响。

(1) 水化耗水和水分扩散使模型材料内部相对湿度随龄期发展规律呈两
个阶段特征,开始时是相对湿度为 100% 的湿度饱和期(阶段 Ⅰ),饱和状态持
续一段时间后是湿度下降期(阶段 Ⅱ)。同样,模型材料内部相对湿度开始下
降的时间为临界时间(t_c)。临界时间与含水量密切相关,含水量越大,临界时
间越长。同时水化耗水速率和水分散失速率影响临界时间的长短。

受模型材料初始水分分布的影响,表面覆膜状态不同会导致模型材料在
不同高度处的临界时间有所不同。表面无覆膜状态模型材料试件在 25 mm、
50 mm、100 mm 和 160 mm 深度处的临界时间分别为 388 h、428 h、495 h 和
504 h,表面覆膜状态模型材料试件在 25 mm、50 mm、100 mm 和 160 mm 深
度处的临界时间分别为 479 h、506 h、548 h 和 568 h。随着深度的增加,临界
时间提前。这说明铺装初期的模型材料在泌水和沉降作用下,上部水分含量
小,下部水分含量大。而临界时间沿高度的变化可以在一定程度上间接表征
模型材料初始状态的水分分布。由于表面覆膜状态不同导致水分散失条件的
不同,因此表面覆膜与表面暴露条件下的模型材料其近表面处的临界时间不
同。由图 3-16 可知,模型材料覆膜时在 25 mm 深度处的临界时间为 479 h,
而无覆膜时的临界时间为 388 h。可见,水分扩散作用使临界时间提前。

在初始水分分布、石膏水化耗水和水分扩散综合作用下,模型材料不同高
度处的临界时间不同。考虑到模型材料沿高度水分分布的差异,即上部分含
水量少,下部分含水量多,而在含水量较多时,模型材料消耗水分并达到临界

状态所需的时间延长,反之缩短。如果表面存在干燥现象,则水分散失会使模型材料提前达到临界状态,即临界时间缩短。

(2)在初始湿度分布基础上的水化耗水和水分扩散使模型材料内部相对湿度沿高度呈现梯度分布特征,即在同一时刻模型材料不同高度处的相对湿度不同。由图 3-16 可以看出,首先,在表面干燥条件下,模型材料内部相对湿度下降幅度总体呈由上而下顺次增大趋势,这是受水分扩散作用所致。其次,表面覆膜模型材料相对湿度下降幅度总体呈自上而下顺次减小趋势,这是受初始湿度分布影响的结果,因为大多数情况下,模型材料的初始水分含量呈自下而上逐渐减小趋势。

综合以上分析可以知道,初始水分分布、石膏水化耗水和湿度扩散引发了模型材料内部相对湿度在时间域和空间域上的变化。时间域上,模型材料内部湿度发展呈两个阶段特征:初期是湿度饱和期,之后是湿度下降期。初始水分含量自下而上逐渐增大使得临界时间自下而上逐渐延长;干燥作用使得近表面处的临界时间缩短,最终模型材料临界时间的长短是上述 3 个因素共同作用的结果。空间域上,由上述 3 个因素引起模型材料内部相对湿度沿高度呈梯度分布特征。初始水分分布使得湿度值自上而下逐渐增大;水分扩散使得近表面处的湿度下降幅度增大,内部湿度下降幅度较小。

3.2.4　水分扩散系数求解

(1)湿度扩散方程及求解

相似模型材料的含水量变化主要由内部的石膏水化消耗和干燥散失这两个方面引起,即

$$\Delta W = \Delta W_h + \Delta W_d \tag{3-11}$$

式中　ΔW ——模型材料总的含水量变化;

　　　ΔW_h ——石膏水化消耗引起的含水量变化;

　　　ΔW_d ——干燥散失引起的含水量变化。

单位时间内含水量变化为:

$$\frac{\partial W}{\partial t} = \frac{\partial W_h}{\partial t} + \frac{\partial W_d}{\partial t} \tag{3-12}$$

石膏水化以及水分扩散会引起模型材料中水分含量发生变化。在整个干燥过程中,非饱和状态下的模型材料中各相的水分都处于热力平衡状态,可借鉴吸附-解吸理论去研究其相互作用机理。含水量变化量和湿度变化量的关系如下式所列:

$$\frac{\partial H}{\partial t} = \frac{\partial H_h}{\partial t} + \frac{\partial H_d}{\partial t} + k\frac{\partial T}{\partial t} \tag{3-13}$$

式中　$\dfrac{\partial H_h}{\partial t}$——石膏水化导致模型材料湿度随时间变化量；

$\dfrac{\partial H_d}{\partial t}$——模型材料中水分扩散导致模型材料湿度随时间变化量；

$\dfrac{\partial T}{\partial t}$——模型材料温度随时间变化量；

k——当含水率和石膏水化程度一定时，温度变化对模型材料湿度的影响系数。

通过试验可知，温度变化对模型材料湿度变化的影响很小，可认为 $k \approx 0$，于是式(3-13)变为：

$$\frac{\partial H}{\partial t} = \frac{\partial H_h}{\partial t} + \frac{\partial H_d}{\partial t} \tag{3-14}$$

进一步可改写为：

$$\frac{\partial(H - H_h)}{\partial t} = \frac{\partial H_d}{\partial t} \tag{3-15}$$

通过菲克第二定律可知，只需研究水分在此试验条件下的单一方向上一维传输问题即可。扩散作用对材料内部湿度影响关系式为：

$$\frac{\partial H_d}{\partial t} = \frac{\partial}{\partial x}\left(D\,\frac{\partial H_d}{\partial x}\right) \tag{3-16}$$

式中　D——由模型材料内部湿度以及材料配合比共同决定的水分扩散系数；

x——沿传输方向的坐标。

将式(3-16)代入式(3-15)可得：

$$\frac{\partial(H - H_h)}{\partial t} = \frac{\partial}{\partial x}\left[D\,\frac{\partial(H - H_h)}{\partial x}\right] \tag{3-17}$$

$$F = -D\,\frac{\partial c}{\partial x} \tag{3-18}$$

式中　F——单位面积的传输速率；

c——扩散物质的浓度；

x——垂直于界面的空间坐标轴；

D——扩散系数，通常与物质浓度 c 有关。

由质量守恒定律可知，单位时间内单元体内的物质增量为：

$$8\mathrm{d}x\mathrm{d}y\mathrm{d}z\,\frac{\partial c}{\partial t} = -8\mathrm{d}x\mathrm{d}y\mathrm{d}z\,\frac{\partial F_x}{\partial x} - 8\mathrm{d}x\mathrm{d}y\mathrm{d}z\,\frac{\partial F_y}{\partial y} - 8\mathrm{d}x\mathrm{d}y\mathrm{d}z\,\frac{\partial F_z}{\partial z} \tag{3-19}$$

化简后为：

$$\frac{\partial c}{\partial t} + \frac{\partial F_x}{\partial x} + \frac{\partial F_y}{\partial y} + \frac{\partial F_z}{\partial z} = 0 \tag{3-20}$$

将式(3-18)代入式(3-20)得：

$$\frac{\partial c}{\partial t} = \frac{\partial}{\partial x}\left(D\,\frac{\partial c}{\partial x}\right) + \frac{\partial}{\partial y}\left(D\,\frac{\partial c}{\partial y}\right) + \frac{\partial}{\partial z}\left(D\,\frac{\partial c}{\partial z}\right) \tag{3-21}$$

这是三维情况下的物质扩散方程。由推导过程可知，该方程描述的物质浓度场须满足时间变量 t 的一阶可导条件和位置变量 x、y、z 的二阶可导条件，同时扩散速率场 F 亦须满足位置变量 x、y、z 的一阶可导条件。由方程式(3-21)可知，一维扩散情况下用湿度 H 表示的湿度扩散方程式可表达为：

$$\frac{\partial H}{\partial t} = \frac{\partial}{\partial x}\left(D\,\frac{\partial H}{\partial x}\right) \tag{3-22}$$

由式(3-22)可知，式(3-17)可改写为：

$$\frac{\partial(H - H_s)}{\partial t} = \frac{\partial}{\partial x}\left[D\,\frac{\partial(H - H_s)}{\partial x}\right] \tag{3-23}$$

设 $H_d = H - H_s$，则上式可写成：

$$\frac{\partial H_d}{\partial t} = \frac{\partial}{\partial x}\left(D\,\frac{\partial H_d}{\partial x}\right) \tag{3-24}$$

其中，D 为模型材料的水分扩散系数，它是模型材料组成和相对湿度的函数。要求解式(3-24)的微分方程，需要知道石膏水化引起的湿度下降值 H_s。另外，由于水分扩散系数 D 也是变量 H_d 的函数，所以式(3-24)所列的微分方程呈非线性特征。求解非线性偏微分方程的一般方法是进行傅立叶变换，此过程比较复杂。这里对式(3-24)采用相似数学变换法求解。

引入参变量 S：

$$S = \int_{H_m}^{H_d} D\,\mathrm{d}H_d \tag{3-25}$$

式中　H_m——可任意选择的相对湿度值，通常取模型材料内可能出现的最小湿度值。

式(3-25)两边分别对 x、t 和 D 进行求导变换，得到下列公式：

$$\frac{\partial S}{\partial x} = D\,\frac{\partial H_d}{\partial x} \tag{3-26}$$

$$\frac{\partial S}{\partial t} = \frac{\partial S}{\partial H_d} \times \frac{\partial H_d}{\partial t} \tag{3-27}$$

$$\frac{\partial S}{\partial H_d} = D \tag{3-28}$$

将式(3-26)、式(3-27)、式(3-28)代入式(3-24)得：

$$\frac{\partial S}{\partial t} = D \times \frac{\partial^2 S}{\partial x^2} \tag{3-29}$$

在得知扩散系数 D 的情况下，式(3-24)可转换为对式(3-29)的求解，而后者是一个可以求解的微分方程,求出参变量 S 后,再将其转化为扩散引起的湿度下降值 H_d 即可实现对式(3-24)的求解。

(2) 基于干湿对比试验的模型材料扩散系数求解

在模型材料单面干燥条件下,忽略温度变化对模型材料相对湿度的影响,式(3-21)可改写成用相对湿度表示的三维扩散方程:

$$\frac{\partial H_d}{\partial t} = \frac{\partial}{\partial x}\left(D\frac{\partial H_d}{\partial x}\right) + \frac{\partial}{\partial y}\left(D\frac{H_d}{\partial y}\right) + \frac{\partial}{\partial z}\left(D\frac{\partial H_d}{\partial z}\right) \tag{3-30}$$

其中,$H_d = H - H_s$。

当模型材料处于双面干燥条件下时,其中心测点处的失水速率是单面干燥条件下的两倍。用 H_{core} 表示中心测点处的相对湿度,则有:

$$\frac{\partial H_{core}}{\partial t} = 2\frac{\partial}{\partial x}\left(D\frac{\partial H}{\partial x}\right) + 2\frac{\partial}{\partial y}\left(D\frac{H}{\partial y}\right) + 2\frac{\partial}{\partial z}\left(D\frac{\partial H}{\partial z}\right) \tag{3-31}$$

由于底面不失水,所以 x 方向仍然是单面干燥。

引入 Boltzmann 变换:

$$\lambda = \frac{x}{\sqrt{t}} \tag{3-32}$$

并设 $y = \alpha x, z = \beta x$,式(3-31)可改写为:

$$-\frac{1}{2}\lambda = (1 + 2\alpha^{-2} + 2\beta^{-2})\frac{\partial}{\partial H_d}\left[D(H_d)\frac{\partial H_d}{\partial \lambda}\right] \tag{3-33}$$

将上式在 $H \sim H_0$ 之间积分,得:

$$\int_H^{H_0} -\frac{1}{2}\lambda dH = D(1 + 2\alpha^{-2} + 2\beta^{-2})\left(\frac{\partial H_d}{\partial \lambda}\Big|_H - \frac{\partial H_d}{\partial \lambda}\Big|_{H_0}\right) \tag{3-34}$$

其中,H_0 是模型材料试件开始干燥时的相对湿度,其值接近 100%。此时 $\partial H_d/\partial \lambda \approx 0$,所以:

$$D = \left(\int_H^{H_0} -\frac{1}{2}\lambda dH\right)\left[(1 + 2\alpha^{-2} + 2\beta^{-2})\frac{\partial H_d}{\partial \lambda}\Big|_D\right]^{-1} \tag{3-35}$$

试验采用的试件沿 x、y、z 方向的尺寸为 $160\ mm \times 160\ mm \times 160\ mm$,因此,$\alpha = 1$,$\beta = 1.6$,式(3-35)可进一步写成:

$$D = \frac{1}{3.903} \cdot \left(\int_H^{H_0} \frac{1}{2}\lambda dH\right)\left(\frac{\partial H_d}{\partial \lambda}\Big|_H\right)^{-1} \tag{3-36}$$

通过对 H_d-λ 曲线积分和求导,即可求得扩散系数 D。

干燥作用使模型材料内部相对湿度值(H)低于相应封闭试件相对湿度值(H_s),干燥引发的模型材料内部湿度下降值(H_d)为模型材料内部湿度下降总值减去由石膏水化引发的湿度下降值。

为了对式(3-36)进行求解,用下式表示模拟模型材料干燥作用下的相对

湿度 H_d 与参数 λ 的关系：

$$H_d = H_0\left[1 + f - \frac{a}{(0.5\lambda + b)^p}\right] \tag{3-37}$$

将式(3-37)代入式(3-36)解得：

$$D(H) = \frac{1}{3.903} \cdot \frac{2a^{\frac{2}{p}}\left[\left(1 + f - \frac{H}{H_0}\right)^{1-\frac{1}{p}}\right] - 2\left(1 - \frac{1}{p}\right)a^{\frac{1}{p}}b\left(1 - \frac{H}{H_0}\right)}{(p-1)\left(1 + f - \frac{H}{H_0}\right)^{1+\frac{1}{p}}}$$

$$\tag{3-38}$$

式中　a, b——常数；

　　　f, p——待定参数，可以通过拟合试验数据的方式得到。

通过求解可知，模型材料湿度扩散系数值在 $10^{-9} \sim 10^{-7}$ m²/s 数量级之间，模型材料饱和时扩散系数最大，为 30.1×10^{-8} m²/s。同时模型材料的扩散系数也与孔隙水含量密切相关，相对湿度越大，扩散系数越大。当相对湿度大于 90% 时，扩散系数随相对湿度变化显著；相对湿度在 60%～90% 变化时，扩散系数变化趋缓；相对湿度小于 60% 时，扩散系数基本不变。这是由于当模型材料内相对湿度大于 90% 时，其水分扩散机制是气液共同扩散，液态水分子的蒸发和迁移使得扩散系数增大，且在这一阶段，水分扩散逐渐由液态水主控转变为由气态水主控，所以扩散系数随相对湿度变化幅度较大；当相对湿度小于 90% 后，水分扩散机制转为以气态水扩散为主，此时参与扩散的水分子数量减少，浓度降低，因此扩散系数随相对湿度降低而逐渐减小；当相对湿度小于 60% 后，大部分孔隙变为干孔，水分子浓度进一步降低，因此扩散系数越来越小。

3.3　本章小结

（1）首先，通过对各种湿敏材料进行比较，选定聚酰亚胺作为湿敏材料，并通过试验对其湿敏性能进行了研究；其次，创新了湿敏单元的制备方法，用 N-羟乙基乙二胺作为耦合剂，其与光纤 Bragg 光栅包层的羟基相结合，与聚酰亚胺的氨基相结合，加强了聚酰亚胺薄膜与光纤的表面结合能力；再次，搭建了光纤湿敏传感器测试系统，对不同涂敷厚度的光纤湿敏传感器的性能参数（湿度灵敏度、响应时间）进行了研究，优化了湿敏材料的涂敷厚度，发现了表面孔隙率对降湿响应时间的影响，为进一步改善该类型光纤湿敏传感器的响应时间，进而将应用范围拓宽至高动态响应环境中指明了较为可行的研究方向。此光纤湿敏传感器不同于市面上常见的空气湿敏传感器。常见的空气湿敏传感器只能用于测量气态的水分,如果遇到液态水就会完全失效,而本书中设计开发的传感器可以用于气液两相的水分感知测量,有更广的适用范围,可用于大坝、边坡、管道以及其他危险场合的开关式泄漏监测或是直接测量烟气、氢气湿度。

(2) 根据模型材料湿度测量的环境特点,利用 3D 打印技术,自行设计制作了光纤湿敏传感器的封装结构,并将此传感器用于模型材料试件干燥过程中的内部湿度分布及湿度变化规律的测试研究。在时间维度上,模型材料在干燥过程中的湿度发展呈两个阶段特征:初期为湿度饱和期,后期是湿度下降期。在空间维度上,模型材料湿度分布沿高度呈梯度分布特征。水化耗水和水分扩散是引起模型材料内部湿度下降的主要原因。在不同的表面状态下,湿度扩散对模型材料近表面区域相对湿度的影响不同,临界时间和湿度下降幅度不同。表面干燥作用使近表面处的临界时间提前,湿度下降幅度增大。由于泌水和沉降作用,模型材料水分含量自下而上逐渐减小,因此在表面覆膜试件中临界时间自下而上依次延长,湿度下降幅度自下而上依次减小。而最终的模型材料湿度分布是在初始湿度分布基础上水化耗水和湿度扩散综合作用的结果。

(3) 提出了模型材料在铺装干燥过程中最佳含水率的概念,依据模型材料在不同含水率下与力学强度的对应关系,为使模型材料达到设计力学强度而确定其在铺装干燥过程中的最优含水率,用于减小由含水率因素导致的材料力学强度不符合设计强度的问题,进而减小实型和模型的相似误差,提高模型试验的模拟精度。

(4) 采用位移控制加载,对 6 种常用配比的模型材料试件进行单轴压缩试验,研究了模型材料试件抗压强度随含水率的变化规律。研究结果表明,随着含水率的减小,模型材料试件抗压强度呈单调递增的规律,形成了不同配比下模型材料试件单轴抗压强度与含水率的函数关系。此函数关系可用于物理相似模型的干燥过程,为使模型材料达到设计抗压强度而确定其最佳含水率。

4 温度、含水率传感与分布场重构

4.1 光纤温度传感方法

4.1.1 光纤的基本特性

（1）光在光纤中的传输

光导纤维简称光纤,通常是圆柱形的高透明的石英或其他材料的介质波导,可以将光以很小的损耗从光纤的一端传输至另一端。光纤一般分为纤芯和包层,折射率分别为 n_1 和 n_2,且 $n_1 > n_2$。通常情况下,光在纤芯中传输,包层的主要作用是与纤芯形成光波导,并对纤芯有一定的保护作用。在包层外还有涂敷层保护套,它一般由高损耗的塑料制成,用以保护光纤,还能阻止纤芯中传输的光纤进入邻近的光纤中,避免串扰。纤芯和包层是光纤的主要构成部分,用以传输光信号。涂敷层和套管的主要作用是隔离杂散光,提高光纤的强度、保护光纤等。

光是电磁波,在光纤中传输时传输线横向截面和纵向截面的电磁场分布会有所不同,该电磁场分布即光纤模式。单模光纤的纤芯直径较小,一般为 $2 \sim 12\ \mu m$。纤芯与包层的折射率差为 $\Delta = (n_1 - n_2)/n_1 = 0.000\ 5 \sim 0.01$。单模光纤中的色散比较小,传输带宽很大,传输容量也较大,一般用于长途通信,如海底光缆通信等。多模光纤纤芯直径较大,一般为 $50 \sim 500\ \mu m$,纤芯与包层的折射率差为 $\Delta = 0.01 \sim 0.02$。由于多模光纤可以传输的模式数量较多,使得光纤的损耗较大,传输性能较差,带宽较窄,所以多模光纤多用于短距离信号传输。光是电磁波,具有波粒二象性。当分析光的传输时,使用波动理论来解释,将光波看成一条几何射线,可以较为直观地分析光纤的导光原理。

（2）光纤的损耗

纵使导入光纤内的光信号满足上述条件,由于损耗的存在,在光纤传输过程中,不断衰减的光信号强度严重限制了光信号可以传输的最大距离。光纤损耗一般可以分为两类,即光纤材料及拉制过程中产生的损耗称为固有损耗,包括散射损耗和吸收损耗;由于外部原因导致的损耗称为非本征损耗,包括由于光纤发生弯曲(大曲率半径,$R>1$ cm)或微弯(小曲率半径)情况时,光纤内传输的模式相互耦合及向外辐射引起的光能量的损耗。

光纤在拉制过程中,由于制作缺陷和本征散射所引起的光能量损失称为散射损耗。制作缺陷包含由于光纤成分和纤芯密度的随机涨落引起折射率分布不均匀、光纤与涂敷层间的界面不理想和制作过程产生的气泡、条纹、结石等,可以通过提高光纤的制作工艺来消除这部分散射损耗。

由于光纤的制作材料为玻璃,在制作过程中存在一些杂质和外来金属离子(主要为过渡族金属离子),与玻璃的本征态相比,电子态更容易被可见光和红外光激发,所以在可见光和红外光区域吸收损耗非常强。另外,在光纤的制作过程中,OH^{-1}离子在波长 0.725 μm、0.950 μm 和 1.380 μm 附近存在吸收峰,对应的吸收损耗也很强。但是,这些损耗可以通过改进拉制光纤的原材料的提纯、脱水和制作工艺来降低。

光纤在使用过程中,容易出现弯曲等现象。弯曲产生的损耗主要有辐射损耗和耦合损耗两种方式。当光纤弯曲的曲率非常大时,光纤会出现辐射损耗。导波模的波阵面传输到弯曲点处时,波阵面仍保持一个平面且传输方向与光纤轴垂直,光纤弯曲内侧光能量传输速度变慢,而外侧光能量传输速度加快。随着纤芯与曲率中心距离的增大,波阵面的传输速度会超过光波在包层中所允许的最大速度。此时,波阵面不可能在光纤包层中继续传输,会在弯曲点处产生倏逝波场向外辐射能量。当光纤弯曲半径小于对应光纤的弯曲半径阈值时,弯曲损耗迅速增大。光纤纤芯和包层的折射率差值越大,工作波长的基模光斑直径越小,对应的弯曲损耗越小。

当不均匀的应力作用到光纤上时,光纤上会产生微小的不规则的弯曲,使得光纤内传输的导波模之间发生耦合作用,产生辐射场,从而导致光能量损耗。当周期性的微弯作用到光纤上时,导波模间的耦合作用增强。利用该现象可以制作光纤微弯传感器,如将带有变形齿的变形板作用到光纤上产生微弯,当外力作用到变形板上时,光纤中的光功率随之变化。通过检测光功率的变化解调出外部的作用力。目前已有的光纤微弯传感器可以用于检测应变、位移、液位和温度等参量。

(3) 光纤的色散

当激光脉冲在光纤中传输时,受到光纤的折射率分布、模式分布等影响使得光纤中传输的激光脉冲发生展宽现象,这种现象称为光纤的色散。由于激光脉冲信号的展宽降低了 DTS 系统的定位精度和测量精度,所以需要对其进行研究和分析,从而减少光纤色散带来的影响。

一般情况下,不同速度的光信号传输距离相同时,所用的时间不同,即各信号的时延不同,这种时延上的差别称为时延差。当光信号的频率不同或模式成分不同时,都会引起时延差。由于单模光纤中只传输一个模式,没有模色散,只有材料色散、波导色散和折射率分布色散。多模光纤中色散的起因主要为模色散、材料色散和波导色散。

模色散是多模光纤中出现色散的主要原因,由于多模光纤中传输的模式比较多,各个模式的传播系数不同,从而使得各个传输模式在光纤内的光程不同而引起脉冲展宽。光在光纤中传输时,光纤的折射率不是常数,不同频率的光入射到光纤中传输时,传输速度是不同的,尤其是谱线比较宽的信号,会发生脉冲展宽,这种现象称为材料色散。波导色散是一种由光纤结构引起的,当某一信号在光纤中传输时,群速度发生变化,从而使得该信号的各频率分量的群速度不同,从而发生了脉冲展宽的现象。

4.1.2 光纤散射理论

光是一种电磁波,在介质中传输时,光与介质的分子或原子相互作用,当入射光波长远离介质的共振频率时,会产生一个与时间有关的极化偶极子的电场,该偶极子会产生一个二次电磁波,即光散射效应。当介质是均匀的情况时,入射光传输的相位关系只允许产生前向的散射光。但是光纤并不是均匀的介质,入射光与光纤相互作用时,会导致光纤的折射率分布不均匀,从而使得光纤内的散射光不仅有前向散射光,还有后向散射光。

当入射光在光纤内传输时,光纤内会发生散射效应。瑞利散射光的频率与入射光频率一致,光子的能量守恒。拉曼散射和布里渊散射光的频率发生了偏移,并且散射光能量不守恒。当散射光的频率上移时,称为反斯托克斯光,反之,称为斯托克斯光。瑞利散射光强度最强,布里渊散射光次之,拉曼散射光强度最弱。拉曼散射光对温度变化比较敏感,可以用来测量温度。布里渊散射光对应变和温度变化比较敏感,可以用来测量应变和温度[107]。

(1)瑞利散射效应

当入射光与线度远小于入射光波长的粒子相互作用时,就会发生瑞利散射。瑞利散射光频率不变,其波长与入射光的波长一致[108]。

与拉曼散射和布里渊散射相比,瑞利散射光强度要大得多,是光纤传输衰减的主要原因。散射光强度与入射光波长的四次方成反比,即入射光波长越长,瑞利散射光强度越弱。另外,当入射光在介质中传输时,光与介质相互作用,产生的瑞利散射光在各个方向都有,但是由于光纤对光波的约束作用,使得光纤内的瑞利散射光只表现为前向和背向两个方向。

瑞利散射是一个线性散射的过程,散射光的强度与入射光强度成正比。光纤内传输的脉冲光脉宽为 W 时,它的散射光功率 P_R 可以表示为[109]:

$$P_R = PS\alpha_S W \frac{v}{2} \tag{4-1}$$

其中,$S = (\lambda/\pi nr)^2/4$。

式中　P ——脉冲光的峰值功率;

　　　α_S ——光纤中的瑞利散射因子,取值范围为 $0.12 \sim 0.15$ dB/km;

　　　S ——背向散射光功率捕获因子;

　　　λ ——入射脉冲光波长;

　　　n,r ——光纤纤芯的折射率和模场半径;

　　　v ——光在光纤内的传输速度。

当脉冲光在光纤内传输时,在光纤内部不断地产生瑞利散射光。根据公式(4-1),入射光功率越大,瑞利散射光功率越大。背向散射光即沿着光纤回到光纤入射端的散射光,与前向散射光相比,背向散射光更容易被区别和检测。由于光传输时会出现损耗,产生的瑞利散射光也携带了光纤损耗的信息,所以可以通过检测背向瑞利散射光的强度变化来得到光纤长度、接头损耗等光纤的信息。通过检测背向瑞利散射光可以实现全分布式光纤传感。现在比较成熟的技术为光时域反射仪(OTDR)技术,其主要应用于通信领域,可以测量传输光缆的长度、光纤沿线的衰减及损耗,并且能够对故障点准确定位。

(2) 布里渊散射效应

布里渊散射以 Léon Brillouin 的名字命名,指的是介质中光与物质波的相互作用。布里渊散射分为以下两种[110]:

光纤内的折射率分布受到由光纤内的分子、原子等的热运动引起的声波场的调制,使得光在传输过程中会发生散射现象,称为自发布里渊散射。与入射光的频率相比,自发布里渊散射光发生了频率漂移。散射光频率减小的为斯托克斯光,散射光频率增大的为反斯托克斯光。当外界温度和应变变化时引起光纤材料的特性变化,使得布里渊散射光的频率发生变化,所以可以通过检测频移来测量温度和应变。

当入射光功率超过一定数值时,光纤折射率分布被光纤内发生的电致伸缩效应周期性地调制,入射光发生了散射。当波场和相位相匹配时,声波场和散射光场都得到了放大,入射光的大部分能量都耦合进背向散射光,形成了受激布里渊散射。由于入射光只能激发出与其传输方向一致的声波场,所以只存在布里渊斯托克斯散射光,光子的频率与光纤中声子频率相等。受激布里渊散射的物理机制为一个入射光子湮灭,同时产生一个斯托克斯光子和声学声子。

（3）光纤拉曼散射效应

光在传输过程中，光纤分子的热振动和光子相互作用发生能量交换而产生光能。光能转换为热振动，将发出一束受温度影响很小的光——斯托克斯光（Stokes 光）；光能吸收热振动，将发出一束受温度影响较大的光——反斯托克斯光（Anti-Stokes 光）。此过程用分子能级图来描述比较直观，如图 4-1 所示。

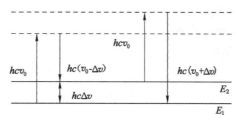

图 4-1　光纤拉曼散射原理示意图

图中的 E_1、E_2 代表光纤中二氧化硅分子所处的两个能级，能级差为 $hc\Delta v$，即 $E_2 - E_1 = hc\Delta v$，入射光子的波数为 v_0，能量为 hcv_0。处于能级 E_1 或 E_2 的光纤分子吸收一个入射光子的能量而跃迁到虚态能级 $E_1 + hcv_0$ 或 $E_2 + hcv_0$，如果光纤分子重新回到能级 E_1 或 E_2，则会释放出与入射光相同的波数为 v_0 的光子；如果处于虚态能级 $E_1 + hcv_0$（或 $E_2 + hcv_0$）的光纤分子降到能级 E_1（或 E_2），则会释放出波数为 $v_0 - \Delta v$（或 $v_0 + \Delta v$）的斯托克斯光子（或反斯托克斯光子）。前者就是光纤中瑞利散射的过程，后者就是光纤中拉曼散射的过程。

在拉曼型 DTS 系统中，温度传感是通过测量拉曼散射光的强度变化实现的，反斯托克斯光和斯托克斯光光强分别为：

$$I_s = k_s S v_s^4 I_e R_s(T) \exp[-(\alpha_0 + \alpha_s)L] \tag{4-2}$$

$$I_{as} = k_{as} S v_{as}^4 I_e R_{as}(T) \exp[-(\alpha_0 + \alpha_{as})L] \tag{4-3}$$

式中　I_s，I_{as}——斯托克斯光光强和反斯托克斯光光强；

　　　k_s，k_{as}——由光纤的有效截面积、拉曼频率下耦合器的耦合效率以及光纤的后向散射因子等决定的系数；

　　　S——散射截面面积；

　　　v_s，v_{as}——斯托克斯散射光频率和反斯托克斯散射光频率；

　　　α_0，α_s，α_{as}——光纤中的入射光、斯托克斯光与反斯托克斯光的平均传播损耗；

L——光纤入射端到被测点的距离；

$R_s(T)$，$R_{as}(T)$——与光纤分子低能级和高能级上的布局数有关的系
数，是斯托克斯背向散射光与反斯托克斯背向散射
光的温度调制函数，即

$$R_s(T) = [1 - \exp(-hc\Delta v/kT)]^{-1} \tag{4-4}$$

$$R_{as}(T) = [\exp(-hc\Delta v/kT) - 1]^{-1} \tag{4-5}$$

式中 h——普拉克常数；

k——波尔兹曼常数；

Δv——拉曼频移波数；

T——绝对温度。

根据拉曼散射理论，在自发拉曼散射条件下，忽略斯托克斯光与反斯托克斯光在光纤中传播时损耗系数的差异，将式(4-4)和式(4-5)分别代入式(4-2)和式(4-3)中可得：

$$R(T) = I_{as}/I_s = (\frac{v_{as}}{v_s})^4 \exp(-hc\Delta v/kT) \tag{4-6}$$

从式(4-6)可以看出，$R(T)$仅与温度有关。因此可以借助斯托克斯光和反斯托克斯光光强之比来实现对温度的测量。

在光纤的前端设置一段定标光纤，若定标光纤温度为 T_0，则可得出Raman强度比与温度的关系式：

$$\frac{I_{as}(T)/I_s(T)}{I_{as}(T_0)/I_s(T_0)} = \frac{\exp[-h\Delta v/(kT)]}{\exp[-h\Delta v/(kT_0)]} \tag{4-7}$$

得

$$\frac{1}{T} = \frac{1}{T_0} - \frac{k}{h\Delta v}\ln\frac{I_{as}(T)/I_s(T)}{I_{as}(T_0)/I_s(T_0)} = \frac{1}{T_0} - \frac{k}{h\Delta v}\ln F(T) \tag{4-8}$$

(4) 分布式拉曼系统解调原理

DTS 系统主要利用光在光纤中传输时产生的背向拉曼散射光对温度比较敏感的特性，结合 OTDR 定位原理对光纤所处的环境进行温度检测。从量子力学的观点来看，脉冲激光器发出的光在光纤中传输时，光与光纤分子相互作用，产生拉曼散射光，这是光子吸收或释放光学声子的过程。由于处在光纤振动能级上的粒子数分布服从玻尔兹曼分布律，光纤振动能级的粒子数分布对应了拉曼散射光的强度，所以拉曼散射光强度与光纤所处的温度环境有关，反斯托克斯拉曼散射光强度随温度的变化非常明显，而斯托克斯拉曼散射光强度随温度的变化较小。

DTS 系统进行温度测量时，通过光电探测器将光信号转换为电信号，测量得到拉曼散射光信号曲线。由于光纤所处的环境温度发生变化时，反斯托

克斯拉曼散射光强度变化比较明显,所以可以用来检测温度变化。另外,由于激光器的能量波动等影响测量温度的准确度,还可以使用斯托克斯拉曼散射光作为参考光,利用两种散射光强度的比值来解调温度。

4.1.3　拉曼测温系统

（1）系统结构

如图 4-2 所示,DTS 系统主要由激光器、波分复用器、传感光纤、光电探测器、数据采集和处理系统组成。工作过程:脉冲激光器发出的光通过波分复用器进入传感光纤发生拉曼散射效应,产生拉曼散射光。其中,背向拉曼散射光再经波分复用器将斯托克斯拉曼散射光和反斯托克斯拉曼散射光分别耦合进入探测器中转换为电信号,激光器外触发采集卡,实现对信号的同步采集,并经过累加平均后由数据处理系统对信号进行解调、分析、显示和储存。

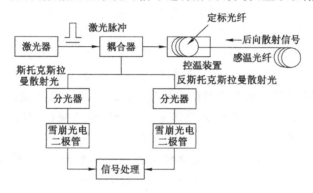

图 4-2　分布式光纤拉曼测温系统的基本结构

（2）系统器件参数

在 DTS 系统中使用的光源是脉冲激光器,其主要有以下 4 个参数:① 中心波长。拉曼散射光强度与激光器的波长成反比,波长越长,拉曼散射光强度越弱。为得到较高的系统信噪比,实现长距离的温度监测,可以选择短波长的脉冲激光器。但激光器波长越短,在光纤中传输时的损耗越大,相应地降低了DTS 系统的信噪比,限制了温度传感距离,所以可以选择短波长区域的光纤低损耗窗口波长的激光器,如光通信行业中常用的波长为 1 550 nm 的脉冲激光器。② 峰值功率。激光器的峰值功率越高,得到的拉曼散射光的信噪比越高,相应的 DTS 系统温度分辨率和测量范围也会提高,但是激光器的峰值功率须低于受激拉曼散射的阈值功率,以免引起受激拉曼散射效应,影响 DTS系统的运行。③ 脉冲宽度。激光器的脉冲宽度是限制 DTS 系统空间分辨率的参数之一,脉宽越大,输出功率越大,对应的 DTS 系统空间分辨率越小。

④ 重复频率。激光器的重复频率与 DTS 系统的传感距离有关。重复频率越高,系统进行温度测量时需要的时间越短,对应的传感距离越短。所以在实际应用过程中,可以根据工程要求选择合适的脉冲宽度和重复频率进行温度传感。

DTS 系统中 1×3 波分复用器的作用是将脉冲激光器的光导入传感光纤中,并对背向斯托克斯拉曼散射光和背向反斯托克斯拉曼散射光进行滤波分光后导入光电探测器中进行光电转换。波分复用器有四个端口,其中一端为 1 550 nm 脉冲光入口,一端连接传感光纤,另外两端为背向拉曼散射光出口,分别为 1 451 nm 端口和 1 663 nm 端口。由于瑞利散射光强度远大于拉曼散射光强度,所以需选择隔离度高的波分复用器来减少瑞利噪声对温度解调的影响。

DTS 系统的传感元件是光纤,其既可以进行信号传输,又可以对外界环境温度变化进行传感。在 DTS 系统中,常用的传感光纤是单模光纤和多模光纤。单模光纤的有效截面积较小,光功率密度较大,易发生受激拉曼散射效应,所需的激光器峰值功率较低,但单模光纤只传输一种模式的光,传输损耗小,适合长距离传感。多模光纤的有效截面积较大,不易发生受激拉曼散射效应,可以使用较高峰值功率的激光器来提高系统的信噪比,但是传输损耗较大,不利于长距离传感。所以可以根据实际需求来选择合适的传感光纤,当传感距离小于 10 km 时,可以使用多模光纤作为传感光纤;当传感距离大于 10 km 时,使用单模光纤作为传感光纤进行温度测量。

光电探测器是 DTS 系统中将光信号转换为电信号的器件,性能与 DTS 系统的信噪比、空间分辨率有很大的关系。由于光纤中产生的背向拉曼散射光强度非常低(纳瓦量级),需选用高增益、低噪声、性能稳定的光电探测器,而雪崩光电二极管(avalanche photo diode,APD)比 PIN 光电二极管有更好的灵敏度和频率响应,所以选择 InGaAs-APD 型光电探测器。

高速数据采集卡是 DTS 系统将电信号转化为数字信号的重要器件。采集卡的采样频率是限制 DTS 系统空间分辨率的参数之一。1 m 的空间分辨率对应的采集卡的采样率须不低于 100 MHz,空间分辨率越高,需要的采集卡的采样频率越高。而且,在 DTS 系统数据处理过程中,多使用累加平均的方法提高背向拉曼散射光的信噪比,但同时增加了系统的测量时间。为减少数据累加平均过程耗用的时间,可以直接在采集卡上对采集到的数据进行多次平均,仅将平均后的结果输出,所以在系统设计时选择双通道、高采样率并能进行多次数据平均的采集卡是非常有必要的。

(3) DTS 系统的指标

① 测温光缆

因为光纤必须埋设到相似物理模型内部,所以在选择光缆时要注意两点:一是光纤本身须具备一定强度,以抵御相似材料的挤压、刻画与摩擦,保证光纤在模型架里的存活;二是光纤的抗拉强度不能太大且直径最好不超过3 mm,不能影响模型试验的相似度。根据这些要求,本次试验选取了由苏州南智传感科技有限公司生产的 NZ-DTS-CO3 型测温光纤作为模型测温光纤。

该光纤的特点有:a. 光纤防水、耐高温、防腐蚀;b. 外径小,结构简单,热透性快,测温响应快;c. 无金属介质,采用碳纤维保护,光缆柔软、韧性好,便于施工布放。这些特点使该光纤满足了模型铺装、模型测温及试验的要求。测温光纤的性能参数见表 4-1。光纤结构:从内到外依次为光纤、碳纤维、光纤护套,其中光纤包括纤芯、包层、涂敷层。测温光纤的结构及实物如图 4-3所示。

表 4-1　测温光纤性能参数

参数类型	参数值
光纤类型	多模光纤
光纤外径	3.0 mm
光纤强度	长期 50 N,短期 150 N
最小弯曲半径	动态 20D,静态 10D
光纤芯数	1
颜色	红色

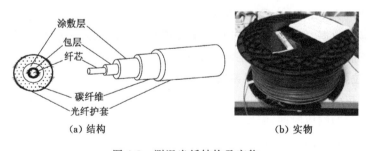

（a）结构　　　　　　　（b）实物

图 4-3　测温光纤结构及实物

② Firelaser © DTS 拉曼分布式光纤测温仪

Firelaser © DTS 拉曼分布式光纤测温仪为上海波汇科技有限公司生产的产品,最高空间分辨率为 0.8 m,最小采样间隔为 0.5 m,测温精度达0.1 ℃。试验选用该仪器监测和收发信号并通过多模松套光纤来分析传输的数据,其技术参数见表 4-2。

表 4-2　Firelaser © DTS 拉曼分布式光纤测温仪主要技术参数

技术指标	参数值
空间分辨率	0.8 m
测温精度	±0.1 ℃
温度分辨率	0.01 ℃
采样间隔	0.5 m
定位精度	±0.1 m
测量所需时间	3～300 s
通道数	≥4 个
测量距离	4 km
测温范围	−50～400 ℃
光纤类型	多模光纤
电源供应	AC 100～220 V(DC 10～60 V)
功耗	<150 W
通信接口	RJ45、RS232、RS485、USB
工作温度	0～40 ℃
质量	<15 kg
外形尺寸(长×宽×高)	≤500 mm×450 mm×170 mm

③ 工控机

工控机为 Firelaser © DTS 拉曼分布式光纤测温仪配套专用工业电脑,其用于显示数据、操作光纳仪以及记录分析数据。Firelaser © DTS 拉曼分布式光纤测温仪以及配套专用工业电脑如图 4-4 所示。

4.1.4　拉曼分布式光纤测温系统基础参数测试

影响拉曼分布式光纤测温系统性能的因素主要包括系统的空间分辨率、系统对温度的响应时间、温度分辨率、测量精度、动态范围、测量距离等。下面分别对这些影响因素进行分析。

(1)温度精度测试

本次试验对整段感温光纤中不同距离的温度进行测试,并探寻温度精度和光损的关系。选取 100 m 的测温光纤,取 10～11 m、30～31 m、50～51 m、70～71 m 和 90～91 m 五段光纤,放入恒温恒湿箱中,温度预设置为10 ℃、20 ℃、30 ℃、40 ℃和 50 ℃,对温度进行监测。将五段光纤盘成一个小圈,分

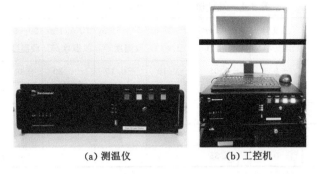

| (a) 测温仪 | (b) 工控机 |

图 4-4 Firelaser © DTS 拉曼分布式光纤测温仪及工控机

别将 10～11 m、30～31 m 和 50～51 m 三段光纤放在恒温箱槽上部,将 70～71 m 段光纤放在下部,90～91 m 段光纤贴在玻璃门上,将温度计通过恒温箱旁边的橡皮口插入,从而对温度进行监测。光纤和温度计于恒温恒湿箱中的布置示意如图 4-5 所示,光纤所测温度见表 4-3。对光纤所测温度与恒温恒湿箱温度作差,结果见表 4-4。

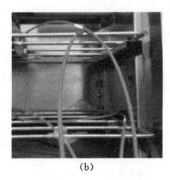

| (a) | (b) | (c) |

图 4-5 光纤和温度计在恒温恒湿箱中的布置示意

表 4-3 不同设置温度下光纤所测温度

设定温度/℃	温度计温差/℃	10～11 m 段温度/℃	30～31 m 段温度/℃	50～51 m 段温度/℃	70～71 m 段温度/℃	90～91 m 段温度/℃
10.0	9.9	9.95	9.90	9.85	9.80	9.82
20.0	20.0	19.91	19.89	19.92	19.81	19.79
30.0	30.2	29.98	29.92	30.08	30.05	30.38
40.0	39.9	39.53	39.50	40.05	40.13	40.18
50.0	49.2	49.65	49.47	49.82	49.73	49.91

表 4-4　光纤所测温度与恒温恒湿箱温度差

设定温度/℃	温度计温差/℃	10～11 m 段温度/℃	30～31 m 段温度/℃	50～51 m 段温度/℃	70～71 m 段温度/℃	90～91 m 段温度/℃	最大温差/℃
10.0	−0.1	−0.05	−0.10	−0.15	−0.20	−0.18	0.15
20.0	0	−0.09	−0.11	−0.08	−0.19	−0.21	0.13
30.0	0.2	−0.02	−0.08	0.08	0.05	0.38	0.46
40.0	−0.1	−0.37	−0.50	0.05	0.13	0.18	0.68
50.0	−0.8	−0.35	−0.53	−0.28	−0.27	−0.09	0.34

由表 4-4 可以得出,温度计与恒温恒湿箱间的温差除 0.8 ℃较大之外,其他都在 0.3 ℃以内,说明利用恒温恒湿箱来验证光纤测温的精度是可行的。光纤所测温度与恒温恒湿箱温度差值小于 0.5 ℃的占 80%;光纤不同位置最大温差为0.68 ℃;这说明该 DTS 测温仪精度在 0.1～0.7 ℃之间,即 Firelaser ⓒ DTS拉曼分布式光纤测温仪测温精度能够达到 0.7 ℃。

(2)空间分辨率测试

本次验证试验采用了两种方法。方法一:分别选取长度小于、等于、大于测温系统的空间分辨率的光纤,放入恒温恒湿箱中,测量某一固定温度点温度。本系统的分辨率为 0.5 m,采样间隔为 0.5 m;选取 20～20.25 m、25～25.5 m、30～30.75 m 和 35～36 m 4 段测试光纤,恒温恒温箱温度分别设为15 ℃、25 ℃、35 ℃、35 ℃、25 ℃和 15 ℃,所测数据见表 4-5。

表 4-5　空间分辨率试验结果数据(一)

设定温度/℃	20～20.25 m 段温度/℃	25～25.5 m 段温度/℃	30～30.75 m 段温度/℃	35～36 m 段温度/℃	温度计温度/℃
15.0	16.4	15.0	14.0	13.5	15.6
25.0	22.0	23.4	23.9	23.6	25.0
35.0	28.8	31.4	33.5	32.3	34.6
35.0	29.9	32.6	34.3	32.1	35.1
25.0	23.1	24.6	24.7	23.7	25.5
15.0	17.8	16.1	14.7	13.7	16.4
平均差值温度/℃	−2.0	−1.15	−0.81	−1.7	0.5

由表 4-5 可以得出,当测温光纤空间分辨率为 0.75 m 时能够较准确地反映恒温恒湿箱的温度,误差平均为 0.81 ℃。误差之所以为 0.81 ℃,可能是因

为恒温恒湿箱所提供的恒温温度场自身存在误差。通过温度计所读温度与恒温恒湿箱的温度差值平均为 0.5 ℃,这可以说明恒温恒湿箱所提供的恒温温度场存在一定的误差,从而说明该测温仪的空间分辨率在 0.75 m 左右。

方法二:拉曼分布式光纤测温系统的空间分辨率是指系统能够分辨出的空间上两个不同温度包之间的最短距离,即一个温度与突变最高温度的 10% 和 90% 之间的空间距离 ΔL,如图 4-6 所示。试验将 20~30 m 段光纤放入 90 ℃ 的水浴环境中,测出 T_1、T_2、L_1 和 L_2,数据曲线如图 4-7 所示,所测数据见表 4-6。

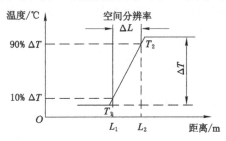

图 4-6　测试空间分辨率原理

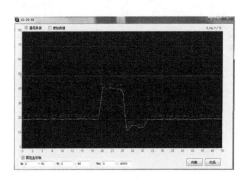

图 4-7　空间分辨率监测曲线

表 4-6　空间分辨率试验数据(二)

参数	第 1 次 测量数据	第 2 次 测量数据	第 3 次 测量数据	第 4 次 测量数据	第 5 次 测量数据
$T_1/℃$	20.3	19.3	19.3	19.6	20.8
$T_2/℃$	78.5	53.4	50.3	49.4	47.5
L_1/m	19.6	19.2	19.2	19.2	19.2
L_2/m	20.5	20.0	20.0	20.0	20.0
$\Delta L/m$	0.9	0.8	0.8	0.8	0.8

由表 4-6 可以看出,空间分辨率为 0.8 m。结合方法一和方法二,可以得出空间分辨率为 0.8 m。

(3) 温度重复性测试

对放置在恒温恒湿箱中的测温光纤进行重复性测试,恒温恒湿箱温度设为 30 ℃,其中,放入恒温箱的光纤分别为 15～16 m、20～21 m、25～26 m、30～31 m、35～36 m 共 5 段;连续测量 6 次后,利用 Origin Pro 做出温度与光纤分布之间的关系图,从而相互对比。在评价重复性测试数据时,利用 6 组数据的标准差来判断测试数据的重复性好坏,当标准差平均值低于 0.27 时,说明重复性较好,其计算公式如下:

$$S = \sqrt{\frac{\sum (x_i - \overline{x})^2}{N - 1}} \tag{4-9}$$

测试结果及其标准差计算结果如图 4-8、图 4-9 所示。

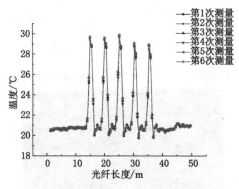

图 4-8　重复性测试结果

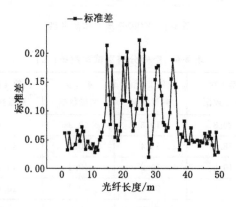

图 4-9　测量数据标准差

由图 4-8 可以得到 6 组数据几乎完全重合,由图 4-9 可以得到标准差小于 0.25,说明 Firelaser© DTS 拉曼分布式光纤测温仪的重复性良好。

(4) 定位精度测试

定位精度测试方法是通过水浴加热,将感温元件放入已经设定好温度的水浴容器中来测定 DTS 系统定位精度的一种测试方法。分别选取 20 m、40 m、75 m、85 m 4 个光纤位置进行定位测试,并进行 2 次独立重复试验,测得结果见表 4-7。

表 4-7 DTS 系统定位精度测试结果

温度设定/℃	测量位置/m	测得位置/m		测得位置 平均值/m	误差/m
		第 1 次	第 2 次		
80.0	20.0	19.6	19.6	19.6	0.4
	40.0	39.7	39.9	39.8	0.2
	75.0	75.5	75.5	75.5	0.5
	85.0	85.6	85.6	85.6	0.6

由表 4-7 可以看出,定位精度误差在 0.6 m 以内,说明 DTS 系统定位精度很高。考虑到模型大小及监测区域因素,该定位精度满足模型温度监测。

4.1.5 光纤光栅温度传感原理及标定

(1) 光纤光栅温度传感原理

根据光纤光栅传感理论,一束光注入光纤,满足光纤布拉格条件就会产生有效的反射,反射光的峰值波长成为布拉格波长,该反射光的中心波长与光栅所受的轴向应变和温度呈线性关系,即

$$\frac{\Delta\lambda_B}{\lambda_B} = K_\varepsilon \varepsilon_g + K_T \Delta T \tag{4-10}$$

式中 λ_B——光栅初始中心波长;

$\Delta\lambda_B$——光纤光栅中心波长的漂移量;

$\varepsilon_g, \Delta T$——光栅所受的应变、温度变化量;

K_ε, K_T——光纤光栅的应变、温度标定系数,其值约为 0.87 和 $6.67 \times 10^{-6}/℃$。

上式表明,应变和温度是直接影响布拉格光栅波长 λ_B 的物理量。

制作光纤光栅温度传感器要消除应变的影响,即 $\varepsilon = 0$,则仅由温度产生的波长变化可表示为:

$$\frac{\Delta\lambda_B}{\lambda_B} = K_T \Delta T \tag{4-11}$$

式(4-11)即光纤光栅温度传感原理。

（2）光纤光栅传感器温度灵敏度系数标定原理

以光栅初始中心波长为基础，光栅温度传感器任意时刻测试的中心波长λ所对应的温度T为：

$$T = T_B - (\lambda_B - \lambda)/K \tag{4-12}$$

式中　T_B——光栅初始中心波长时的温度值，℃；

　　　K ——温度灵敏度系数，pm/℃，$K = K_T \lambda_B$。

（3）实验仪器及步骤

实验仪器包括恒温水浴锅 1 台（图 4-10）、光纤光栅解调仪 1 台和计算机 1 台（图 4-11）。

图 4-10　恒温水浴锅

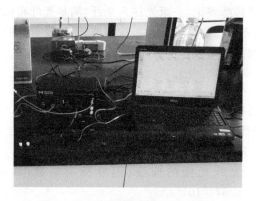

图 4-11　光纤光栅解调仪和计算机

试验材料包括光纤光栅温度传感器 1 个、光纤光栅应变传感器 1 个、酒精棉 1 盒。

试验步骤如下：

① 将光纤光栅解调仪连接计算机,启动光纤光栅测试软件。

② 使用酒精棉擦拭光纤光栅传感器接头,将传感器连入光纤光栅解调仪。使用计算机解调软件,至检测出光纤光栅波长峰值为止。软件界面及波长峰值图形如图 4-12 所示。

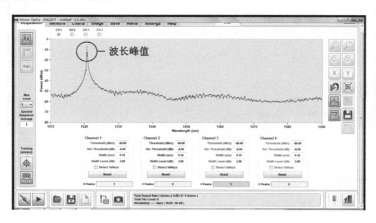

图 4-12　光纤光栅解调仪软件界面及波长峰值

③ 将光纤光栅传感器放入恒温水浴锅中,向恒温水浴锅中加入水至水面漫过光纤光栅传感器为止,如图 4-13 所示。将恒温水浴锅调节至某一恒定温度(如 20 ℃)。

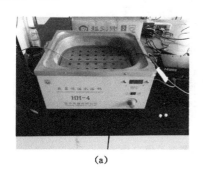　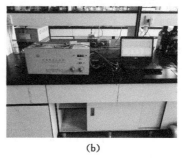

(a)　　　　　　　　　　　　　(b)

图 4-13　光纤光栅传感器水浴加热

④ 待恒温水浴锅温度值及光纤光栅波长值均显示稳定后,记录温度值和对应的波长值,作为初值。波长值采用光纤光栅解调软件照片捕捉功能采集数据,如图 4-14 所示。也可采用计算机自动采集模式记录数据,如图 4-15 所示,但需要记录不同温度对应的时间节点,以便正确提取数据。

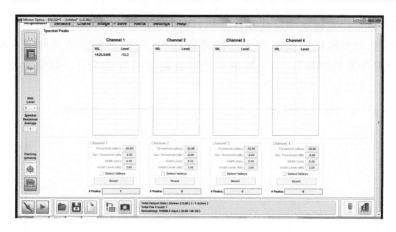

图 4-14　光纤光栅传感器波长值照片采集

Peaks.20120623160345.txt - 记事本

文件(F)　编辑(E)　格式(O)　查看(V)　帮助(H)

Detect Valley: False

Timestamp	# CH 1	# CH 2	# CH 3	# CH 4		
0.500000	1	0	0	0	1520.84917	-12.16
30.500000	1	0	0	0	1520.84894	-12.23
60.500000	1	0	0	0	1520.84722	-12.18
90.500000	1	0	0	0	1520.87292	-12.27
120.500000	1	0	0	0	1520.90954	-12.25
150.500000	1	0	0	0	1520.87838	-12.25
180.500000	1	0	0	0	1520.87768	-12.26
210.500000	1	0	0	0	1520.87750	-12.16
240.500000	1	0	0	0	1520.87684	-12.19
270.500000	1	0	0	0	1520.87530	-12.24
300.500000	1	0	0	0	1520.87560	-12.26
330.500000	1	0	0	0	1520.87635	-12.25
360.500000	1	0	0	0	1520.91444	-12.30
390.500000	1	0	0	0	1520.94796	-12.30
420.500000	1	0	0	0	1520.94866	-12.33
450.500000	1	0	0	0	1520.94721	-12.23
480.500000	1	0	0	0	1520.94361	-12.20
510.500000	1	0	0	0	1520.94007	-12.27
540.500000	1	0	0	0	1520.93723	-12.25
570.500000	1	0	0	0	1520.93559	-12.29
600.500000	1	0	0	0	1520.95730	-12.32
630.500000	1	0	0	0	1520.98145	-12.24
660.500000	1	0	0	0	1520.98120	-12.35
690.500000	1	0	0	0	1520.97818	-12.30
720.500000	1	0	0	0	1520.97522	-12.30
750.500000	1	0	0	0	1520.97185	-12.32

第1行，第1列

图 4-15　光纤光栅传感器波长值自动采集

⑤ 均匀增加恒温水浴锅温度值 ΔT，重复操作步骤④。

(4) 试验结果

由光纤光栅监测原理建立温度-波长曲线。对温度-波长曲线进行线性拟合，得到光纤光栅温度灵敏度系数。用 HH-2 型数显恒温水浴锅对 FBG0306 型温度传感器出厂系数进行标定检验，标定曲线如图 4-16 所示。

温度标定曲线方程为：

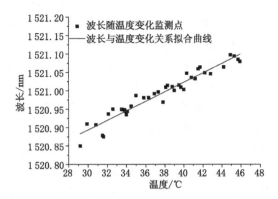

图 4-16　FBG0306 型温度传感器温度标定曲线

$$\lambda = 1\ 520.506\ 76 + 0.012\ 9T \tag{4-13}$$

式中　λ——任意温度 T 下的传感器波长值,nm;

　　　T——室温,℃。

拟合曲线的相关系数 R^2 为 0.93(>0.90),故拟合结果可信。温度传感器的温度灵敏度系数 K = 0.012 9 nm/℃。FBG0306 型温度传感器初始中心波长值为 1 520.637 05 nm。

4.2　电磁式含水率传感器测量方法及室内标定

雷达是时域反射法(frequency domain reflectometry,FDR)测试系统的雏形,它利用电磁波发射设备激发的能量脉冲在被测对象上反射的现象,通过测试电磁波回波的时间对测试对象进行定位。FDR 测试系统的本质类似于闭合回路雷达,由 FDR 测试仪激发的能量脉冲以电磁波的形式在同轴传输线及测试探头中传播,当遇到阻抗不连续面时,就会发生反射,反射波形由数据采集器进行记录。通过对反射波形的分析,便可以得到介电常数、电导率等信息。

FDR 测试仪发射的电压脉冲以电磁波的形式在探针及介质中传播、反射,反射信号由 FDR 测试仪接收并存储于记录仪中。通过对反射波形的分析可以得到被测介质的介电常数及电导率。由于水的介电常数远大于干燥的岩土介质,因而岩土介质中水的含量对其介电常数起决定性作用,通过岩土介质介电常数与含水量的关系模型,便可得到被测介质的含水量。

采用时域反射法测量物理相似模型材料体积含水率。FDR 测量法没有破坏性,属于一种原位现场测试技术并能提供很好的精确性和准确度。FDR测试系统的主要组件有 FDR 接收处理主机、连接电缆和 FDR 探头。其中,FDR 接收处理主机由 Campbell 公司生产,该主机是一种性能可靠、精度较高、体积小、设计紧凑且携带方便的仪器,其广泛应用于检测土壤和其他多孔隙介质的体积含水率。FDR 探头为三针式探头,探针长为 10 cm。

目前有关岩土体介质含水率和介电常数之间的关系的标定公式主要有三种:完全经验的 Topp 公式、半理论半经验的公式以及理论性较强的三相介电混合模型,其中应用最广泛的为 Topp 公式。1988 年,Topp 给出了不同土体其介电常数与体积含水率之间的关系,他依此方法测得了土体中固-液-气混合物的介电常数并利用数值回归分析法得出了不同类型土体的含水率与介电常数之间的经验公式。为验证 FDR 法对物理模型相似材料含水率测试结果的准确性,进行了 FDR 含水率标定试验。

(1) 岩土介质体积含水量的计算方法

重量法测定的是重量含水量,FDR 水分传感器测定的是体积含水率,它们之间有一定的换算关系。重量含水量($M\%$)是模型材料水分质量($M_\text{水}$)与模型材料干质量($M_\text{干}$)之比,即

$$M\% = \frac{M_\text{水}}{M_\text{干}} \tag{4-14}$$

体积含水量($V\%$)是模型材料水分占有的体积($V_\text{水}$)与模型材料体积($V_\text{固}$)之比,即

$$V\% = \frac{V_\text{水}}{V_\text{固}} \tag{4-15}$$

体积含水量($V\%$)与重量含水量($M\%$)之间的关系为 $V\% = k \times M\%$。式中,k 为被测模型材料的干密度与水密度之比。

具体计算方法为:用电子台秤称出容器的质量(m_0)、容器与干模型材料的质量($m_\text{干}$)、容器与湿模型材料的质量($m_\text{湿}$),则模型材料重量含水量可由以下公式求出:

$$M\% = (m_\text{湿} - m_\text{干})/(m_\text{干} - m_0) \tag{4-16}$$

则体积含水量为:$V\% = k \times M\%$。

(2) 室内标定试验

工具:10 cm 长 FDR 探头 3 只,自行加工的立方体有机玻璃容器 1 个,有机玻璃容器尺寸是 16 cm × 16 cm × 16 cm。材料:制备测试模型材料(干密度为 2.1 g/cm³)。根据设计称取 5 种配置好的模型材料。各材料的配比及消耗见表 4-8。

表 4-8　材料配比及消耗

试验号	配比（河砂：石膏：大白粉）	河砂/g	大白粉/g	石膏/g	水/g
1	9：0.2：0.8	380.7	33.8	8.5	74.6
2	6：0.3：0.7	362.6	42.0	18.0	74.6
3	8：0.2：0.8	376.0	37.6	9.4	74.6
4	7：0.3：0.7	370.1	37.1	15.9	74.6
5	8：0.4：0.6	376.0	28.2	18.8	74.6

模型材料填筑：将制备好的模型材料分 3 等份，分 3 层填筑，模型材料填筑完毕后将探针插入开始测试。选用 3 个同样的 FDR 型水分传感器来验证其一致性。每种配比模型材料取 3 个重复点，在模型材料自然干燥过程中，用电子台秤称出模型材料与有机玻璃容器的总质量，计算出模型材料体积含水量，同时读取 FDR 型水分传感器的输出值，从而求出模型材料体积含水率与 FDR 型水分传感器输出值之间的函数关系。具体步骤如下：

① 给模型材料加水，搅拌并加盖密封 6 h 以上，使模型材料中水分均匀，然后将上层积水用滤纸吸净，从而得到含水量均匀的饱和土壤。

② 随时间的变化称量并计算模型材料体积含水率，并同时读取 FDR 型水分传感器的输出值。

③ 当模型材料含水率降到 0.5％以下时，停止测量。

④ 做出 FDR 型水分传感器输出值与模型材料体积含水率之间的关系曲线。

⑤ 每种配比的模型材料都重复以上步骤。

测试结果表明：模型材料体积含水率较高时（10％～15％），FDR 法测试较称重法测试体积含水率偏差小于 1.75％；体积含水率在 5％～10％时，FDR 法测试较称重法测试体积含水率偏差小于 1.64％；当体积含水率小于 5％时，FDR 法测试较称重法测试体积含水率偏差小于 0.85％，如表 4-9 所列。

表 4-9　不同方法的测量值及偏差

模型材料干质量/g	水质量/g	称重法含水率/%	FDR 法含水率/%	差值/%
550	78.65	14.30	14.10	1.40
550	62.70	11.40	11.20	1.75
550	46.97	8.54	8.40	1.64
550	30.14	5.48	5.42	1.10
550	17.82	3.24	3.22	0.62
550	80.85	4.70	4.66	0.85

图 4-17 是称重法和 FDR 法拟合分析的结果。其中，称重法测试的含水率值为含水率的真实值 y，而 FDR 法测试的结果认为是有待进一步分析的测试值 x。经拟合可得出不同配比模型材料中两者的关系。

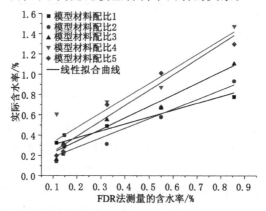

图 4-17　FDR 法测量的含水率与实际含水率对应关系

模型材料配比 1：$y=0.24x+0.68$，$R^2=0.87$；模型材料配比 2：$y=0.09x+0.95$，$R^2=0.93$；模型材料配比 3：$y=0.11x+1.14$，$R^2=0.96$；模型材料配比 4：$y=0.19x+1.45$，$R^2=0.85$；模型材料配比 5：$y=0.08x+1.52$，$R^2=0.95$。

在后期的 FDR 法测试结果中均采用上述修正公式予以修正，可以计算出 FDR 型水分传感器所测位置处的实际含水率。

（3）测量结果准确性评估方法

为了判断出 FDR 型水分传感器的一致性是否优良，就必须确定不同的 FDR 型水分传感器在同一配比模型材料中测量结果的相关程度。同样，检验模型材料配比对 FDR 型水分传感器测量结果的影响程度，可以用不同传感器在相同配比模型材料中测量结果的相关程度来衡量。因此，可以用相关分析法对试验数据加以分析。相关系数 r 是测量值之间相关程度的定量表示，它是绝对值小于或等于 1 的无量纲统计量。当 $r=1$ 时，表示两个测量值之间有密切关系；反之，当 $r=0$ 时，表示两个测量值之间毫无关系。在同一配比、同一含水率的模型材料中用两个不同的传感器来测量，比较两个传感器的测量值，计算其相关系数，从而来分析这两个传感器的一致性。选用三个 10 cm 长的探头测量相同配比的模型材料，通过对相关系数分析，得到不同传感器测量值的相关性。

相关系数的计算方法：假设 x、y 是两个随机变量。x_i、y_i 是它们的各次取值，$i=1,2,\cdots,n$。$\overline{x}$、$\overline{y}$ 是它们的几何平均值。定义变量 x、y 的相关系数为：

$$r=\frac{\sigma_{xy}}{(\sigma_x^2 \cdot \sigma_y^2)^{1/2}} \tag{4-17}$$

式中　σ_{xy}——x 和 y 的协方差；

　　　　σ_x^2——x 的方差；

　　　　σ_y^2——y 的方差。

对式(4-17)进行简化,可得到如下计算式:

$$r = \frac{\sum\limits_{i=1}^{n}(x_i - \overline{x})(y_i - \overline{y})}{\sqrt{\sum\limits_{i=1}^{n}(x_i - \overline{x})^2}\sqrt{\sum\limits_{i=1}^{n}(y_i - \overline{y})^2}} \tag{4-18}$$

式中　n——测量次数;

　　　　$\overline{x}$——x 的均值;

　　　　$\overline{y}$——y 的均值。

(4)测量结果准确性评估的结果及比较

对不同配比的 10 cm 传感器测量结果的影响程度进行分析,分别计算每种配比的模型材料在采用不同传感器进行测量的结果之间的相关系数,见表 4-10。由表 4-10 可以看出,探针长为 10 cm 的三个 FDR 型水分传感器在不同配比的物理模型材料中,每两个传感器测量值的相关系数都达到了 0.90以上,呈显著相关关系,这说明它们有较好的一致性。

表 4-10　测量值的相关系数

比较的传感器	材料配比 1	材料配比 2	材料配比 3	材料配比 4	材料配比 5
1 号与 2 号	0.978	0.981	0.992	0.994	0.967
2 号与 3 号	0.918	0.927	0.984	0.920	0.901
1 号与 3 号	0.959	0.980	0.998	0.930	0.915

4.3　试件含水率与力学强度关系

4.3.1　相似材料的选择

相似材料大体由骨料、胶结剂和调节剂构成,在满足地质力学模型试验相似原理的前提下,相似材料还应尽量符合如下要求:① 相似材料的主要物理力学性能应尽量与原型的物理力学性能相似;② 相似材料来源广,价格低,对人体无毒害作用;③ 热力学性能及物理力学性能稳定,受湿度和温度等外界条件的影响小;④ 成型容易,制作方便,凝固所需时间短;⑤ 通过调整相似材料的配比能使材料的力学性能发生改变,来满足试验的需求;⑥ 对相似材料进行破坏试验时,其结构特点、变形特性及破坏形式应与原型相似。

(1) 胶结材料

胶结材料在相似材料的制作中非常重要,相似材料的力学性质在很大程度上依赖于胶结材料的力学性质。常用的气硬性胶结材料有:石灰、石膏、黏土等;水硬性材料有:水泥;有机胶结材料有:油类、沥青、石蜡、树脂和塑料等。本书选择气硬性材料石膏当作胶结材料,选用的石膏为 P. C32.5 复合硅酸盐石膏。

石膏是一种以硫酸钙($CaSO_4$)为主要成分的气硬性胶结材料,它也是应用最为广泛的相似材料,用石膏作为主要胶结材料制成的相似材料具有凝固快、达到稳定强度时间短、制作方便等特点,一般用来模拟具有脆性破坏特征的原型材料。石膏的性能指标主要有凝结时间、细度及强度。其具体数值随石膏的牌号而不同。根据《建筑石膏》(GB/T 9776—2022),建筑石膏按照其主要性能指标分为三个等级。建筑石膏的物理力学性能应满足表 4-11 的要求。

表 4-11 石膏物理力学性能

等级	细度(0.2 mm 方孔筛筛余)/%	凝结时间/min		2 h 强度/MPa	
		初凝	终凝	抗折	抗压
3.0				≥3.0	≥6.0
2.0	≤10	≥3	≤30	≥2.0	≥4.0
1.6				≥1.6	≥3.0

(2) 充填材料

胶结材料的胶结对象是充填料(又称骨料),其物理力学性质对相似材料来说有重要影响,主要表现在可以影响相似材料的强度大小。试验中最常用的充填材料是石英砂、河砂、海砂及由岩块粉碎而成的岩粉、粉煤灰等。如果配制的相似材料强度较高,一般使用颗粒较硬的石英砂、河砂等;欲使配制的相似材料强度低,把粉煤灰、炉渣粉、滑石粉、橡胶粉等作为充填料是不错的选择。本书选择相同粒径的普通河砂为骨料。

单粒级细骨料使用标准砂石方孔筛通过筛分,得到颗粒直径为 0.08~0.16 mm、0.16~0.315 mm、0.315~0.63 mm、0.63~1.25 mm、1.25~2.5 mm 和 2.5~5 mm 单粒级颗粒。单粒级细骨料颗粒最大和最小尺寸分别对应上下筛孔尺寸,则其平均尺寸分别为 0.12 mm、0.24 mm、0.47 mm、0.94 mm、1.88 mm 和 3.75 mm,原材料见图 4-18。

(3) 大白粉(滑石粉)

大白粉是一种重要的无机充填材料。滑石粉是一种水合硅酸盐,其化学

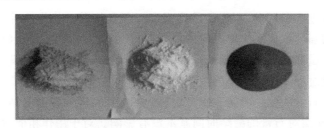

图4-18　原材料(从左到右为石膏、大白粉、河砂)

式是 $3MgO \cdot SiO_4 \cdot H_2O$，其结晶形状可为片状、层状、叶状、针状或块状。滑石粉对大多数化学试剂显现惰性，与酸接触不分解，导热性低且耐热冲击性高，性质较稳定。滑石粉的这些优良性质使得其成为一种很好的填充剂，可用于填充塑料。

（4）水

在配制大多数相似材料时，需用水来拌和其他相似材料原料。水在配制相似材料中的作用主要有两个方面：一是许多胶结材料在凝结硬化时需要水，也就是水化；二是在配制相似材料和制作相似材料模型时，为满足制作工艺的要求，必须使用水。在选择所用水的质量时，主要考虑水中矿物质等元素对相似材料和胶结材料的凝结硬化过程的影响。对于不同材料，其水化、硬化所持续的时间差异极大，因而在分析水质对相似材料力学性质的影响时，必须考虑其时间效应。该试验采用矿泉水。同时，还必须考虑制作相似材料模型所耗费的时间。

本书在满足相似材料选择原则的基础上，以含水率对物理模型相似材料力学特性影响为研究对象，选用河砂为骨料、大白粉为调节剂、石膏为胶结剂制作了一批用于模拟岩层物理力学性能的相似材料试件。

4.3.2　相似材料间的相互作用

相似材料原料间的化学反应过程，主要是相似材料中胶结材料和水发生水化反应凝结、硬化的过程。胶结材料和充填材料间的相互作用，主要表现在胶结材料对相似材料和充填材料的胶结作用上。

（1）石膏与水的相互作用

石膏和水的相互作用过程，是石膏水化的过程，即半水石膏和水作用生成二水石膏的过程。随着此过程的进行，石膏浆体中的二水石膏胶体越来越多，石膏逐渐凝结，伴随着晶体的产生发展，石膏逐渐达到其最终强度。

石膏浆体的凝结特征用凝结时间来表示，分为初凝时间和终凝时间，其主要由石膏的种类决定。石膏的单轴抗压强度指石膏的最终抗压强度，抗拉强度指其永久抗拉强度。石膏从加水拌和到形成其最终抗压强度的时间较短，一般不会超过 7 d,因此,石膏的最终强度一般是用其 7 d 养护后的强度来表示。石膏的强度不仅取决于石膏的种类,而且受到石膏的水膏比(指配制石膏浆体时用水量和用石膏量的质量比)的影响,此影响相当大。石膏的水膏比是影响其水化过程及硬化结果的主要因素。

现有对石膏的凝结时间和水膏比之间的关系以及水温对凝结时间影响的研究表明,水温对石膏的凝结时间基本没有影响。对于用作相似材料的石膏,其凝结时间主要和相似材料制作工艺及所需缓凝剂的用量有关。水膏比对石膏的抗压强度和抗拉强度影响很大,随着水膏比的增加,石膏的抗压和抗拉强度值都急剧降低。

(2) 胶结材料与充填材料间的黏结特性

充填材料是由不同尺寸和级配的颗粒组成的松散体,只有在使用胶结材料将其胶结后,才能形成相似材料。胶结材料和充填材料间的黏结特性对相似材料的性能有重要影响。胶结材料和充填材料间的黏结强度在某种程度上决定了相似材料的强度。

为保证胶结材料和充填材料的牢固黏结,必须注意:

① 充填材料颗粒表面的清洁程度,必须严格控制充填材料所含杂质的允许量;

② 充填材料颗粒的大小及其级配要合适,这样才能保证胶结材料和砂粒更好地黏结。相似材料受力变形规律及其破坏过程和其胶结材料与充填材料间的黏结特征密切相关。对于相似材料来说,其受载与变形的关系,是内部微裂缝发展规律的体现,而这些微裂缝通常都起源于充填材料颗粒和胶结材料浆体的胶结面上。

4.3.3 相似材料试件试验

(1) 模型材料配比方案

随着采矿工程设计理论和施工技术的发展,在获得采矿工程设计基本数据进行设计方案的试验论证和施工工序的合理安排上,模拟试验是最基本、最重要的研究方法。岩石力学试验模型是在室内用某种人工材料,根据相似原理做成的相似模型,模型是根据所模拟的原型来塑造的。通过对模型上应力、应变的观测来认识与判断原型上所发生的力学现象和应力、应变的变化规律,以便为采矿工程设计和施工方案的选择提供依据。

在采矿工程应力、应变分析中,相似模拟试验可较好地模拟复杂工程的施工工艺、荷载作用方式及时间效应等。煤炭从地下被采出以后,周围岩体的原有应力平衡重新分布,直至产生新的平衡。岩层和地表在此过程中产生移动、变形、垮落、开裂等,相似模拟试验能够完整地反映出现场施工的受力全过程,有助于解决模拟过程中发生的破坏、裂隙等一系列用数学分析法不易解决的问题,因而应用较广泛。在进行相似模拟试验过程中,相似材料配比及含水率对相似模型材料的物理力学性质影响较大。本研究利用煤矿地下开采物理相似模拟试验常用的材料(砂子、石膏、大白粉、水)及其配比,分析不同配比下相似模型材料达到设计力学强度的最佳含水率。

通过多次试验可总结出经验值,为达到较为理想的试验效果,就务必要选择合适的相似材料。理想相似材料的单轴抗压强度应在 0.16～0.70 MPa,重度范围可调性较大。针对以上要求,进一步对物理模型相似材料的配比进行试验研究。通过对标准试件进行单轴抗压强度试验,配比方案及材料用量如表 4-12 所列。

表 4-12　材料配比方案及原料用量

配比(河砂:石膏:大白粉)	河砂/g	大白粉/g	石膏/g	水/g
9:0.2:0.8	380.7	33.8	8.5	27.0
6:0.3:0.7	362.6	42.0	18.0	27.0
8:0.2:0.8	376.0	37.6	9.4	27.0
7:0.3:0.7	370.1	37.1	15.9	27.0
8:0.4:0.6	376.0	28.2	18.8	27.0
7:0.4:0.6	370.1	31.8	21.2	27.0

按照模型材料配比方案进行试件制备的规格如表 4-13 所列,以此研究不同配比下含水率与抗压强度之间的关系,每种配比的含水率均制备两个标准试件,分别测定两个标准试件的抗压强度,并取平均值作为这种配比在此含水率下的抗压强度。

表 4-13　试件制作规格

编号	配比 (河砂:石膏:大白粉)	初始含水率/%	试件尺寸 /mm×mm	试件数量/个
1	9:0.2:0.8	6.0	$\phi 50 \times 100$	10
2	6:0.3:0.7	6.0	$\phi 50 \times 100$	10
3	8:0.2:0.8	6.0	$\phi 50 \times 100$	10
4	7:0.3:0.7	6.0	$\phi 50 \times 100$	10
5	8:0.4:0.6	6.0	$\phi 50 \times 100$	10
6	7:0.4:0.6	6.0	$\phi 50 \times 100$	10

试验所采用的主要试验仪器有台式电子秤、自动化数据采集仪、100T 万能拉力-压力机、电脑等,如图 4-19 所示。详细的试验设备及其使用数量见表 4-14。

（a）测试系统

（b）试验模具

（c）MTS万能试验机

（d）台式电子秤

图 4-19　相似材料试件试验主要仪器

表 4-14　试验设备及其使用数量

名称	数量	名称	数量	名称	数量
台秤	1 台	照相机	1 台	技术人员	2 名
模具	3 个	搅拌器	1 个	MTS 万能试验机	1 台
电脑	2 台	塑料盆	5 个	辅助工具	若干

（2）相似模型材料试件的制作

基于上述模型材料的选用原则,本研究相似模型材料以石膏为胶结材料、大白粉为调节剂、河砂为骨料,外加一定比例的水进行相似材料试配。石膏为某新型高强度石膏,细骨料为 0.5 mm 粒径的天然河砂。

模型材料试件的制作主要分为以下几个步骤进行:

① 在 $\phi50$ mm×100 mm 的标准圆柱形双开不锈钢模具[图 4-19(b)]内壁均匀涂刷薄薄一层机油,方便试件脱模;

② 根据模具的大小,用电子秤按照试验所确定的各材料配比,分别按重

量百分比称取石膏、大白粉、河砂和水;

③ 将称好的高强度石膏、大白粉、河砂放入盆中,用搅拌器充分搅拌约 5 min,然后将水放入进行搅拌约 3 min;

④ 将搅拌好的材料装入模具中,分层放入,分层振捣,每放一层捣实一层,振捣时,保持模具水平,用力均匀,而且在倒入下一次混合料前将预压面划花,防止出现分层现象。振捣完毕后,用小铲抹平表面,保持试件表面平整;

⑤ 待浇筑好的模型放置 30 min 成型后,进行拆模,由于材料模型初期强度非常低,所以拆模时需要小心,以免试件被破坏;

⑥ 将拆模后的模型试件放置在室内干燥通风处,自然风干到试件的强度基本稳定,后续进行力学性能测试试验;

⑦ 清洗模具及试验仪器,为下一次试验做准备。

制备完成的试件见图 4-20。研究中用到了 6 种基准试件,试件均为直径 50 mm、高 100 mm 的圆柱形标准试件,但在实际配制中,试件尺寸不可能完全是标准尺寸,高度允许范围是 95～105 mm,直径允许范围是 48～52 mm,两端不平行度小于 0.05 mm,端面与轴线垂直度的偏差小于 0.25 mm。

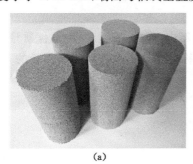 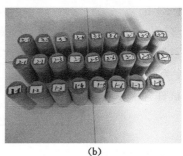

(a)　　　　　　　　　　　(b)

图 4-20　制备完成的试件

4.3.4　试件参数测试

(1) 测定试件密度

试件密度是试件质量与试件体积的比值,它反映了材料固体颗粒结构的松紧程度。对于规则形状的试件来说,最方便、最常用的测量方法是量积法。量积法的原理是通过测量试件的横断面积和高度得到试件体积,再称量试件的质量,用试件质量与试件体积之比计算试件密度。具体的操作步骤如下:

① 试件量测

A. 测量试件两端和中间 3 个断面上相互垂直的 2 个方向的直径,按平均值计算横截面积 A,测量精确至 0.01 mm。

B. 测量两端周边上对称的 4 个点和中心点处的高度,计算高度平均值 H。

② 试件描述

描述试件的裂隙分布、形状以及试件外貌掉角、缺失的情况。

③ 试件称重

称取试件在养护 7 d 后的质量 $m_{i1}, m_{i2}, \cdots, m_{i5}, m_{i6} (i = 1,2,3,4,5,6)$。测量精确至 0.1 g。

④ 成果整理

根据密度计算公式:$\rho = m/A \cdot H$,求得试件密度:$\rho_{i1}, \rho_{i2}, \cdots, \rho_{i5}, \rho_{i6} (i = 1,2,3,4,5,6)$。

⑤ 填写试验记录表。

(2) 测定试件含水率

试件含水率试验是测定表征材料内部含水状态指标的试验。含水率是指试件的含水量与烘干后试件的质量之比,以百分数表示。操作步骤如下:

① 将试验编号为 i-1 的试件放入烘箱内,保持温度在 105～110 ℃对试件进行烘干 24 h。

② 将试件从烘箱中取出,放入干燥箱内冷却至室温,称取试件质量 m_{i1d}。

③ 重复步骤①和②直到相邻两次称量之差不超过后一次称量的 0.1 g,称量精度为 0.1 g。

④ 试件含水率按照下式计算:

$$w_i = \frac{m_{i1} - m_{i1d}}{m_{i1d}} \times 100\%$$ (4-19)

⑤ 填写试验记录表。

(3) 测定试件的单轴抗压强度

单轴抗压强度是指材料受力时抵抗破坏的能力,用材料的强度参数表示。材料的单轴抗压强度试验是指试件在轴向压力作用下,产生轴向压缩和横向膨胀,最后导致试件破坏的试验。通过单轴抗压强度试验,可以单独测定表征岩石强度的抗压强度;也可以用同一个试件,在测定单轴抗压强度的同时测定岩石的轴向压缩变形量和横向膨胀变形量,计算表征材料变形特征的弹性常数、弹性模量和泊松比,该试验称为单轴压缩变形试验。材料在单轴压缩荷载作用下产生压缩破坏时,单位面积上所承受的荷载称为材料的单轴抗压强度,即材料破坏时的最大荷载与垂直于加载方向试件的横截面积之比。根据土工试验规定,加载速度应控制在 0.25～1.5 kN/s(强度小于 5 MPa 时取下限为宜,强度大于 5 MPa 时取上限为宜),考虑到本试验采用的相似材料强度较

低,我们取加载速度为 0.25 kN/s。操作步骤如下:

① 准备试件。将试件表面的油污等擦拭干净,检查外观无损后将其放在试验机的下压板上,使试件中心与试验机下压板中心对准。

② 调平试件。启动试验机,使试验机下底(或上顶)座徐徐上升(或下降),当试件顶面接近承压板时,调整球形支座,使试件上、下面与试验机上、下承压板均匀且平行接触,受力对中。

③ 施加荷载。以 0.25 kN/s 的速率加载,直至试件破坏为止,记录最大破坏荷载:P_{i1};P_{i2};P_{i3}。

④ 成果整理。根据公式 $\sigma_c = P_{max}/A$(其中,P_{max} 为在无侧限条件下,试件破坏时的最大轴向荷载;A 为试件横截面面积)计算单轴抗压强度:σ_{i1};σ_{i2};σ_{i3}。

⑤ 精度控制。精度精确到 0.001 MPa,取 3 个测量值的算术平均值作为该试验号的抗压强度值。3 个测量值中最大值或最小值中如果有一个与中间值的差值超过中间值的 20% 时,则把最大值和最小值一并舍弃,取中间值作为该组的抗压强度值。如果两个测量值与中间值的差值均超过中间值的 20% 时,则该组试验结果无效。

⑥ 填写试验记录表。

测试设备见图 4-21,试件压缩破坏后形态见图 4-22。

图 4-21　单轴压缩试验设备

4.3.5　试验结果及分析

模型材料试件干燥过程中,不同配比模型材料单轴抗压强度与含水率对应结果如表 4-15 所列,取平均值之后的抗压强度与含水率关系如表 4-16 所

| (a) | (b) | (c) |

图 4-22　破坏后试件形态

列。经分析可得,相同材料配比下,模型材料试件干燥过程中,含水率降低,其单轴抗压强度增大。

表 4-15　试验数据记录表

配比(河砂:石膏:大白粉)	单轴抗压强度/MPa (含水率1%)		单轴抗压强度/MPa (含水率2%)		单轴抗压强度/MPa (含水率3%)		单轴抗压强度/MPa (含水率4%)		单轴抗压强度/MPa (含水率5%)		单轴抗压强度/MPa (含水率6%)	
9:0.2:0.8	1.08	1.10	0.50	0.70	0.16	0.18	0.16	0.18	0.05	0.05	0.02	0.02
8:0.2:0.8	1.80	1.60	0.55	0.75	0.30	0.50	0.21	0.25	0.10	0.10	0.03	0.03
7:0.3:0.7	2.03	2.01	1.35	1.37	0.67	0.67	0.65	0.65	0.55	0.59	0.28	0.32
8:0.4:0.6	1.88	1.86	0.96	0.98	0.65	0.69	0.66	0.60	0.50	0.54	0.43	0.37
8:0.3:0.7	1.40	1.41	1.10	1.30	0.91	0.89	0.70	0.70	0.35	0.37	0.20	0.20
8:0.5:0.5	1.50	1.70	0.95	0.97	0.82	0.84	0.68	0.68	0.50	0.46	0.41	0.45

表 4-16　试件抗压强度平均值

配比 (河砂:石膏:大白粉)	单轴抗压强度平均值/MPa (含水率1%)	单轴抗压强度平均值/MPa (含水率2%)	单轴抗压强度平均值/MPa (含水率3%)	单轴抗压强度平均值/MPa (含水率4%)	单轴抗压强度平均值/MPa (含水率5%)	单轴抗压强度平均值/MPa (含水率6%)
9:0.2:0.8	1.09	0.60	0.17	0.17	0.05	0.02
8:0.2:0.8	1.70	0.65	0.40	0.23	0.10	0.03
7:0.3:0.7	2.02	1.36	0.67	0.65	0.57	0.30
8:0.4:0.6	1.87	0.97	0.67	0.63	0.52	0.40
8:0.3:0.7	1.40	1.20	0.90	0.70	0.36	0.20
8:0.5:0.5	1.60	0.96	0.83	0.68	0.48	0.43

　　由表 4-16 可以看出,不同配比的模型材料试件在干燥过程中,当含水率从 6% 降至 1%,单轴抗压强度则从 0.02~0.43 MPa 增至 1.09~2.02 MPa。

　　由实测数据拟合得到的试件含水率与抗压强度函数关系如图 4-23 所示,拟合方程为:

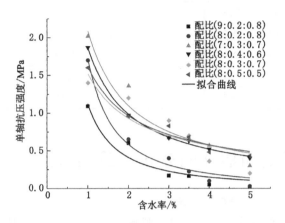

图 4-23　不同配比下相同含水率对应的抗压强度

$$y = a \times x^b \tag{4-20}$$

式中　y——单轴抗压强度;

　　　x——试件的含水率;

　　　a, b——与模型材料配比相关的常数。

　　经拟合得到 $R^2 > 0.92$,通过此方程可计算出不同配比模型材料试件达到某一力学强度时的含水率。

　　本书提出模型材料在铺装干燥过程中最佳含水率的概念,依据模型材料的不同含水率与力学强度的对应关系,为使模型材料达到设计力学强度而确定其在铺装干燥过程中的最佳含水率,用于减少由含水率因素导致的材料力学强度不符合设计强度的问题,进而减小实型和模型的相似误差,提高模型试验的模拟精度。

　　统计后续模型试验中用到的几种配比以及所对应的设计力学强度,依据上述关系式可得到达到设计力学强度所对应的含水率,如表 4-17 所列。此含水率称为模型材料在该种设计要求下,铺装干燥过程中的最佳含水率。

表 4-17　不同材料配比试件对应设计的最佳含水率

岩石类型	配比(河砂∶石膏∶大白粉)	σ/MPa		最佳含水率/%
		原型	模型	
风积沙	9∶0.2∶0.8	11.6	0.16	3.82
黄土	8∶0.2∶0.8	15.3	0.22	3.74
粉砂岩	7∶0.3∶0.7	45.3	0.63	3.63
粉砂岩	8∶0.4∶0.6	41.9	0.58	3.55
细砂岩	8∶0.3∶0.7	46.6	0.65	3.31
中砂岩	8∶0.5∶0.5	40.6	0.55	4.26

4.4　基于空间估计的分布场重构方法

4.4.1　数学基础与空间统计方法

应用随机过程理论方法研究时空观测数据场是测量误差理论与数据处理的重要部分,滤波(也称为平滑)与推估(也称为预测,包括内插和外推)是主要的技术方法,在各行各业得到了广泛的研究和应用。测绘、地理、气象、地球物理等多门学科涉及的大多数观测数据都可以作为区域化变量处理。因此,首先有必要介绍清楚几个区域化变量相关的概念:随机变量、随机函数、随机过程、随机场等;进而说明区域化变量的性质,例如结构性、随机性、各向异性等;然后再介绍可以定性和定量描述这些性质的工具:协方差函数和变异函数(又称半变异函数、变差函数),以及两者的关系、各自的定义、计算方法、性质等。在详细介绍完这些基础后,再介绍几种常用的线性克里金插值方法(简单克里金插值方法、普通克里金插值方法、泛克里金插值方法)的理论模型和估值方法。其中,重点介绍泛克里金插值方法,因为普通克里金插值方法和简单克里金插值方法均是泛克里金插值方法的特例。

随机过程理论直接影响了克里金等系列平稳随机信号线性滤波与推估方法。其相关理论假设如下:

假设随机变量 Z 是实值单值函数,那么随机过程 $Z(t)$ 则是对于每个试验结果 ξ 赋予一个函数 $Z(t,\xi)$ 的一种对应关系。

通常用符号 $Z(t)$ 表示一个随机过程,以省略其对 ξ 的依赖关系,因而 $Z(t)$ 有如下四种含义:

① 它是一族自变量为 t 和 ξ 的函数 $Z(t,\xi)$;

② 当 ξ 固定时,$Z(t,\xi)$ 表示的是该过程的一个实现,仅是时间 t 的函数;

③ 当 t 固定，同时 ξ 是变量时，$Z(t)$ 则变为一个随机变量，具体是指该随机过程在时刻 t 的状态；

④ 当 t 和 ξ 都固定时，那么 $Z(t)$ 就是一个数值。

随机函数是空间统计学等多门与数学有关学科中最常用的概念之一，当然也是以克里金估计为代表的线性滤波与推估方法体系中的最常用概念之一。空间滤波、推估、插值、预测等各种对空间变量的研究和讨论，都源于随机函数的理论和方法。

随机过程是一维的随机函数，它的特征体现在两个方面：其一，它是一个时间函数；其二，在具体的某一观测时刻，该时刻的全部观测值是一个随机变量。以本书的物理模型干燥过程温度场和水分场数据为例，该数据每隔5 min采集一次，每天实时监测气温数据，如 2016 年 8 月 8 日 12 时采集到的物理模型中近 600 个点的温度值为一个随机变量；物理模型中某一个位置处，如 2016 年连续 365 d 在 12 时的观测值为一个随机过程。

同随机过程一样，随机场也是一种特定类型的随机函数，当随机函数有两个或两个以上自变量时，就称为随机场。现阶段被广泛应用的有马尔科夫随机场、高斯随机场、吉布斯随机场、条件随机场等。自然界中的温度场、湿度场、磁场、气压场等都是空间点函数，且都具有随机性变化，因此都可以看成是随机场。本书使用的温度场有经度、纬度、海拔三个自变量，自然也是一种随机场。

区域化变量是一个更小范围的概念，是一种特定的随机场，当然也属于随机函数。最初的定义是以空间点直角坐标系为自变量的随机场为区域化变量，它是空间统计学（地质统计学、地统计学）的专业术语，结构性和随机性是它的两个重要特性，变异函数是描述这两种特性的有效工具。区域化变量不同于传统统计学的研究对象，它强调空间分布，不仅仅考虑随机性，也考虑空间位置带来的结构性，故随着空间统计学在地球物理学、空间大地测量学、地理学、气象学等方面的广泛应用，与坐标位置有关的随机场都可以当作区域化变量来处理。

时空数据场在时间域上作为随机过程来处理，在空间域上作为区域化变量来处理，因此，有必要说明随机过程和区域化变量的性质。其中，统计特性（如数学期望、自相关函数、自协方差函数）和二阶矩特性（平稳性和遍历性）是随机过程的基本特征；当然对随机过程的性质讨论也都源自对随机变量的讨论。在概率论和测量平差等专业基本课程中，对随机变量的统计特性有深刻的认识，如数学期望、方差、协方差、相关系数。计算这些统计特性理论上都应该知道分布函数 $F(x_1, x_2, \cdots, x_n; t_1, t_2, \cdots, t_n)$ 关于每个 x_i 和 t_i，以及 n 的相关知识,这并不容易做到。而这些量同样可用 $Z(t)$ 的二阶矩特性来表示,在常用的几个统计特征量中,数学期望是一阶原点矩,方差是二阶中心矩,协方差是二阶混合中心矩。

下面讨论随机过程的平稳性,平稳性包括严格平稳性和广义平稳性(弱平稳、宽平稳)两种。严格平稳性的随机过程的阶密度必须满足下式:

$$F(x_1, x_2, \cdots, x_n; t_1, t_2, \cdots, t_n)$$
$$= f(x_1, x_2, \cdots, x_n; t_1 + c_1, t_2 + c_2, \cdots, t_n + c_n) \tag{4-21}$$

其中,c 是任意常数。这意味着对于任意常数 c,随机过程 $Z(t)$ 和过程 $Z(t+c)$ 具有相同的统计特性,如数学期望、方差、协方差等,显然这很难得到满足的,在时空数据挖掘和建模中也没有足够的适用性,因此有必要定义广义平稳性。如果一个随机过程 $Z(t)$ 的数学期望为常数,即 $E[Z(t)] = \eta$,而且该随机过程的自相关函数只取决于两个状态量的差值:$\tau = t_1 - t_2$,即

$$E[Z(t+\tau)Z(t)] = R(\tau) \tag{4-22}$$

这时称随机过程 $Z(t)$ 是广义平稳性(弱平稳、宽平稳)的。

以克里金估计技术为代表的系列线性滤波与推估方法都是通过已知的观测数据来获取未知量的过程,以获得更高的数据精度、更广的数据范围或更长时间尺度的数据量。这种实现属于随机过程理论应用的一个方面,即估计理论(又称估值理论),由此衍生出了谱分析、预测、识别、滤波等多种理论和方法。这些理论和方法在不同领域、学科有不同的专业术语称谓,已被广泛应用于石油探测、雷达、遥感、地球物理、水环境、气象、医疗等人类生产生活的方方面面。具体到本书的大陆温度场时空数据建模,即根据所受到噪声污染的温度场观测数据,对温度场的未知状态或参数赋予具有一定统计意义的数值;具体做法就是用一个或多个随机变量去实现对未知随机变量的估计。

设有两个实数随机过程 $\{F(t), t \geqslant t_0\}$ 和 $\{v(t), t \geqslant t_0\}$ 分别表示信号和噪声,假设总和 $Z(t) = F(t) + v(t)$ 是可以观测到的。若在时刻 t 已经获得被测变量的一组实现:$Z(t) = \{Z_\tau, t_0 \leqslant \tau < t\}$,根据这些实现,将决定信号在时刻 t_1 的估计值。如果 $t_1 < t$,则估计问题称为平滑或内插;如果 $t_1 = t$,则称为滤波;如果 $t_1 > t$,则称为推估或预测。说明:本书常用到"滤波与推估"这个词组,其泛指估计问题中的平滑(内插)、滤波、推估(预测)等多种情况。假设随机变量 X 是含有未知量的、被估计的对象,而随机变量 Z 是含有观测量的、已知的观测,即估计过程实施的依据,一般用 $X*(Z)$ 表示用已知随机变量 Z 对未知随机变量 X 实现了估计后的结果。$X*(Z)$ 可以表示估计量,也可以表示一次实现的估计值。$X*(Z)$ 为估计量时,也是一个随机变量,是根据某种估计准则求解后的关于随机变量 Z 的一个函数。$X*(Z)$ 为估计值时,是随机变

量 $X*(Z)$ 的一次实现,即估计后的一个数值。

常用的估计准则有以下几种:最小方差估计、线性最小方差估计、贝叶斯估计、最大验后估计、最大似然估计等。具体定义如下:

① 最小方差估计。最小方差估计是估计后均方误差为最小的估计,估计量记为 $X_{MV}^*(Z)$,即

$$E\{[X - X_{MV}^*(Z)]^2\} = \min \tag{4-23}$$

容易证明,最小方差估计是一种无偏估计。

② 线性最小方差估计。如果在随机变量 Z 的线性函数范围内存在使均方误差为最小的估计量 $X_{MV}^*(Z)$,则该估计量就变成了线性最小方差估计 $X_L^*(Z)$。

③ 贝叶斯估计。随机变量 X 损失函数的数学期望称为贝叶斯风险。如果存在一个估计量 $X_B^*(Z)$ 使随机变量 X 的贝叶斯风险为最小,即

$$B(X_B^*) = \min \tag{4-24}$$

那么就称 $X_B^*(Z)$ 为 X 的贝叶斯估计。

本书使用的克里金估计量是一种线性、无偏性、最小方差估计量,经计算,线性最小方差估计可表示为如下表达形式:$X_L^*(Z) = E(X) + \mathrm{Cov}(X, Z) [\mathrm{Var}(Z)]^{-1}[Z - E(Z)]$。此式说明,根据被估量 X 和观测随机变量 Z 的一阶矩和二阶矩,经过简单的计算,就可以确定出线性最小方差估计量 $X_L^*(Z)$,而不再需要了解随机变量 X 和 Z 的概率分布函数。线性最小方差估计易于计算,同时具有无偏性等优点,这使得克里金估计在地质、水文地质、测绘、林业、农业、地球物理等领域得到了快速又广泛的应用。

4.4.2　空间信息统计方法的基本假设

(1) 区域化变量

区域化变量指以自由空间内 x 点的直角坐标 (x_u, x_v, x_w) 为自变量的一个随机场 $Z(x_u, x_v, x_w) = Z(x)$。对其每进行一次观测都会得到一个普通的三元实值函数或空间点函数 $Z(x)$。区域化变量在观测前被看作依赖于坐标 (x_u, x_v, x_w) 的随机场,而在观测后则被看作一个具体坐标上有一个具体值的空间点函数,这种特点被称为区域化变量的两重性。

区域化变量的特点如下:

① 空间局限性。区域化变量总是处于一定空间区域内,该确定空间称为区域化的几何域。区域化变量是按几何支撑定义的。

② 连续性。空间信息统计方法中主要利用变异函数来描述区域化变量的连续性程度,不同的区域化变量的连续程度不同,即变异函数不同。

③ 异向性。区域化变量在不同方向上可能具有相同性质或不同的性质,

分别称为各向同性或各向异性。

④ 区域化变量的相关性一般只在一定范围内存在，超出该区域的相关性会逐渐减小甚至消失。

⑤ 区域化变量的特殊变异性与一般规律相叠加。

（2）变异函数

在一维条件下，空间点 x 在一维坐标轴 x 上变化，设区域化变量处于 x、$x+h$ 位置的值分别为 $Z(x)$、$Z(x+h)$。定义 $[Z(x)-Z(x+h)]$ 的二分之一方差为区域化变量 $Z(x)$ 在 x 轴向的变异函数，并用 $\gamma(x,h)$ 表示，即

$$\gamma(x,h) = \frac{1}{2}\mathrm{Var}[Z(x+h) - Z(x)] \tag{4-25}$$

在二阶平稳假设下，则有：

$$\gamma(x,h) = \frac{1}{2}E[Z(x) - Z(x+h)]^2 \tag{4-26}$$

显然，变异函数 $\gamma(x,h)$ 取决于自变量 x 和 h 的值，如果该变异函数 $\gamma(x,h)$ 与位置 x 无关，而只与两个样品点之间的距离 h 有关时，习惯上将 $\gamma(x,h)$ 改写为 $\gamma(h)$，即

$$\gamma(h) = \frac{1}{2}E\left[Z(x) - Z(x+h)\right]^2 \tag{4-27}$$

（3）协方差函数

当随机函数中自变量只有一个时，我们称为随机过程；当随机函数有多个自变量时，将 $Z(x_u, x_v, x_w) = Z(x)$ 称为随机场。将随机过程 $Z(t)$ 在时刻 t_1 及 t_2 处的两个随机变量 $Z(t_1)$ 及 $Z(t_2)$ 的二阶中心混合矩定义为随机过程的协方差函数，而将随机场在空间两个点 x 与 $x+h$ 处的两个随机变量 $Z(x)$ 与 $Z(x+h)$ 的二阶中心混合矩定义为随机场的自协方差函数，即

$$\mathrm{Cov}[Z(t_1), Z(t_1)] = E[Z(t_1)Z(t_2)] - E[Z(t_1)]E[Z(t_2)] \tag{4-28}$$

$$\mathrm{Cov}[Z(x), Z(x+h)] = E[Z(x)Z(x+h)] - E[Z(x)]E[Z(x+h)] \tag{4-29}$$

协方差函数一般依赖于空间点 x 和向量 h，当式（4-29）中 $h=0$ 时，则协方差函数变为

$$\mathrm{Cov}[Z(x) - Z(x+0)] = E[Z(t_1)]^2 - \{E[Z(t_1)]\}^2 \tag{4-30}$$

即等于先验方差函数 $\mathrm{Var}[Z(x)]$，当其不依赖于 x 时简称为方差，则有：

$$\mathrm{Var}[Z(x)] = E[Z(x)]^2 - \{E[Z(x)]\}^2 \tag{4-31}$$

（4）平稳假设

当在研究中采用变异函数来表示某范围内区域化变量的空间结构特性时，用式（4-26）计算变异函数需要有随机场在 x 与 $x+h$ 位置处的一对区域化

变量的若干实值,但对某些研究对象如地质、矿产等只可能有一对实值[即在 $(x,x+h)$ 点同时能且只能测得一对数据],不存在在同一位置上取得第二个样品的可能性,因此区域化变量的取值具有唯一性及不可重复性。平稳假设及内蕴假设就是为解决这一问题而提出的。

假设有随机函数 Z 的空间分布规律不因平移而改变,则二者的关系如式(4-32)所列,如果该随机函数 Z 在任一向量 h 均满足平稳假设时称为平稳性随机函数。

$$G(z_1,z_2,\cdots;x_1,x_2,\cdots)=G(z_1,z_2,\cdots;x_1+h,x_2+h,\cdots) \quad (4\text{-}32)$$

平稳假设在实际中是很难满足的,因为该假设中要求 $Z(x)$ 的各阶矩均存在且平稳,但实践中往往并不需要其各阶矩存在且平稳,只需满足一、二阶矩存在且平稳即可。因而,提出二阶平稳或弱平稳假设。

区域化变量满足二阶平稳的条件为:

① 在所研究空间内,区域化变量 $Z(x)$ 的期望存在且等于常数,即

$$E[Z(x)]=m \quad (4\text{-}33)$$

② 在所研究空间内,区域化变量的空间协方差函数存在且平稳,即

$$\text{Cov}[Z(x)-Z(x+h)]=E[Z(x)Z(x+h)]-m^2=C(h) \quad (4\text{-}34)$$

当 $h=0$ 时,上式可变为:

$$\text{Var}[Z(x)]=C(0) \quad (4\text{-}35)$$

即它有有限先验方差。上述各式中的 Cov 及 C 表示协方差;Var 表示方差。若协方差平稳,那么其方差及变异函数也是平稳的,从而有关系式:

$$C(h)=C(0)-\gamma(h) \quad (4\text{-}36)$$

(5) 内蕴假设

实际研究中协方差函数也有不存在的可能性,那么也就没有有限先验方差,则上述的平稳假设也就无法满足了。考虑到实际自然界和随机函数中,有些具有无限离散性(无协方差及先验方差)的情况下也可能存在变异函数。内蕴假设进一步放宽了对随机变量的要求,如只考虑品位的增量而不考虑品位本身。

内蕴假设本质是认为增量 $Z(x)-Z(x+h)$ 的平均值和协方差存在并与点 x 无关,即增量的平均值和方差均为常量。其数学表达式为:

$$E[Z(x)-Z(x+h)]=0 \quad (4\text{-}37)$$

$$\text{Var}[Z(x)-Z(x+h)]=2\gamma(h) \quad (4\text{-}38)$$

可以这样理解内蕴假设:随机函数 $Z(x)$ 的变化量 $[Z(x)-Z(x+h)]$ 仅与分隔它们的向量 h 的模和方向有关,而与其体位置 x 无关。

内蕴假设由于只假定随机函数 $Z(x)$ 的变化量 $[Z(x)-Z(x+h)]$ 满足平稳条件,同时用变异函数取代不一定存在的协方差函数,这样将研究域空间的

同质域划分为多个具有相同平均值和协方差函数的域,则拟合某个特定数据子集的变差函数代表了相同总体的任何数据子集,变差函数表示数据集的总体空间统计模型。

相比较二阶平稳假设讨论的是区域化变量本身的特征,即需要满足空间域内所有区域化变量的平均值都相等,变量一定要满足内蕴假设;而内蕴假设研究区域化变量增量的特征,只要求平均值是局部平稳的,变量不一定满足二阶平稳。因此,内蕴假设条件更为宽松,应用也更广泛。只要满足内蕴假设就可以应用地质统计学来解决。

4.4.3 克里金方法

(1) 概述

克里金方法(Kriging)是以南非工程师 D. G. Krige 命名的,以纪念其在预测矿床资源储量的实践过程中做出的巨大贡献。克里金方法利用变异函数来计算网格节点构成的数据曲面的估值。如果由指定点构成的数据面平稳且正确定义了其变异函数的形式,则克里金估值即最佳线性无偏估计。克里金方法理论通过在地质和矿业领域的实践应用得到了证实。

克里金方法主要可分为线性克里金方法和非线性克里金方法。线性克里金方法主要有简单克里金(simple Kriging,SK)、普通克里金(ordinary Kriging,OK)和泛克里金(universal Kriging,UK)。非线性克里金方法利用区域化变量的非线性函数进行预测,主要有指示克里金(indicator Kriging,IK)、概率克里金(probability Kriging,PK)、析取克里金(disjunctive Kriging,DK)、协同克里金(co-Kriging,CK)。非线性克里金方法比线性克里金更精确,但不如线性克里金容易理解及应用,特别是需要一些目前无法验证的假设,计算求解过于复杂,实用性不如线性克里金方法。

随着克里金方法与其他学科的交叉渗透,发展出来了一些新的克里金方法,如分形克里金、模糊克里金等。不论采用哪种估计方法,都不能使计算的估计值 Z_V^* 和其实际值 Z_V 完全一样,必然存在偏差,即

$$\varepsilon = Z_V - Z_V^* \tag{4-39}$$

衡量一种估计方法是否合适一般从下面两个方面判断:

① 无偏估计

无偏估计即所有估计的实际值 Z_V 与其估计值 Z_V^* 之间的平均偏差为 0,也即估计误差的期望等于 0,即

$$E(Z_V - Z_V^*) = 0 \tag{4-40}$$

② 估计方差最小

估计值与实际值之间的单个偏差应尽量小,误差平方的期望值(估计方

差)σ_E^2 应尽量小,即

$$\sigma_E^2 = \mathrm{Var}(Z_V - Z_V^*) = E[(Z_V - Z_V^*)^2] \tag{4-41}$$

满足无偏估计且估计方差最小的估计方法称为最佳估计方法。比较常用的估计方法是用样品的加权平均求估计值,任一待估区域 V 的真实值 Z_V 的估计值 Z_V^* 是通过该待估区域范围内 n 个有效采样值 $Z_a(a=1,2,\cdots,n)$ 的线性组合得到的,即

$$Z_V^* = \sum_{a=1}^{n} \lambda_a Z_a \tag{4-42}$$

式中 λ_a——加权因子,表示各样品在估计 Z_V^* 时的影响大小,其取值决定了估计方法的优劣;

Z_a——待估区域的已知采样值,$a=1,2,\cdots,n$。

对给定的待估区域 V 和用于估计的已知采样值 $\{Z_a,a=1,2,\cdots,n\}$,要求出加权系数 $\{\lambda_a,a=1,2,\cdots,n\}$,使其满足无偏估计且估计方差最小的方法就是克里金方法。克里金方法是一种最佳局部估计方法,以最小的估计方差给出区域平均值的无偏线性估计值,即克里金估计值。

在结构分析的基础上,由于解决实际问题的目的和条件不同,相继发展出了各种克里金方法。在区域化变量满足二阶平稳假设或内蕴假设时,可用普通克里金法;在非平稳条件下采用泛克里金法;为计算局部可回采储量可用析取克里金法;当区域化变量服从对数正态分布时,可用对数正态克里金法;对有多个变量的协同区域化现象可用协同克里金法;对有特异值的数据可用指示克里金法等。

(2)普通克里金法

由于任一待估区域 V 的真实值 Z_V 的估计值 Z_V^* 是估计邻域内 n 个已知采样值 Z_a 的线性组合,即

$$Z_V^* = \sum_{a=1}^{n} \lambda_a Z_a \tag{4-43}$$

接下来是确定加权系数 $\lambda_a(a=1,2,\cdots,n)$,使 Z_V^* 成为 Z_V 的无偏估计量,且其估计方差最小。

① 无偏条件

要使 Z_V^* 成为 Z_V 的无偏估计量,即

$$E(Z_V - Z_K^*) = 0 \tag{4-44}$$

二阶平稳条件下有 $E(Z_0) = E(Z_V^*) = m$,而

$$E(Z_V^*) = E\left(\sum_{a=1}^{n} \lambda_a Z_a\right) = \sum_{a=1}^{n} \lambda_a E(Z_a) = \sum_{a=1}^{n} \lambda_a m \tag{4-45}$$

要使 $E(Z_V^*) = E(Z_V)$，即 $m \sum_{a=1}^{n} \lambda_a = m$，就必须使

$$\sum_{a=1}^{n} \lambda_a = 1 \tag{4-46}$$

式(4-46)即估计的无偏条件。

② 估计方差最小(最优性)条件

估计方差最优性条件就是估计值和真实值间的单个偏差最小。在不存在偏差且估值中权值之和为 1 时，则该估计值是无偏的，围绕该真实值的估计值离散程度称为估计方差。

以利用 3 个已知采样值 Z_1、Z_2、Z_3 为例，说明如何估计未知域(点)V 的估计值 Z_V^*，必须首先确定 3 个权值 λ_1、λ_2、λ_3，并满足 $\lambda_1 + \lambda_2 + \lambda_3 = 1$，同时建立方程组：

$$\begin{cases} \lambda_1 \gamma(d_{11}) + \lambda_2 \gamma(d_{12}) + \lambda_3 \gamma(d_{13}) = \gamma(d_{1V}) \\ \lambda_1 \gamma(d_{21}) + \lambda_2 \gamma(d_{22}) + \lambda_3 \gamma(d_{23}) = \gamma(d_{2V}) \\ \lambda_1 \gamma(d_{31}) + \lambda_2 \gamma(d_{32}) + \lambda_3 \gamma(d_{33}) = \gamma(d_{3V}) \end{cases} \tag{4-47}$$

式中　$\gamma(d_{ij})$ ——对应于距离 d 的控制点 i 和 j 之间的半方差。

因为 $d_{ij} = d_{ji}$，故方程组左侧矩阵是对称的。同时因为某点自身距离为 0，则矩阵对角线元素值为 0。半方差可由已知或估计的变异函数求得。为便于计算，引入变量拉格朗日乘数 μ，因而完整的方程组为：

$$\begin{cases} \lambda_1 \gamma(d_{11}) + \lambda_2 \gamma(d_{12}) + \lambda_3 \gamma(d_{13}) + \mu = \gamma(d_{1V}) \\ \lambda_1 \gamma(d_{21}) + \lambda_2 \gamma(d_{22}) + \lambda_3 \gamma(d_{23}) + \mu = \gamma(d_{2V}) \\ \lambda_1 \gamma(d_{31}) + \lambda_2 \gamma(d_{32}) + \lambda_3 \gamma(d_{33}) + \mu = \gamma(d_{3V}) \\ \lambda_1 + \lambda_2 + \lambda_3 = 1 \end{cases} \tag{4-48}$$

则一般形式的矩阵公式为：

$$[A] \times [W] = [B] \tag{4-49}$$

通过求解未知系数矩阵可得未知域(点)V 的估值 Z_V^* 和估计方差为：

$$Z_V^* = \lambda_1 Z_1 + \lambda_2 Z_2 + \lambda_3 Z_3 \tag{4-50}$$

$$\sigma_E^2 = \lambda_1 \gamma(d_{1V}) + \lambda_2 \gamma(d_{2V}) + \lambda_3 \gamma(d_{3V}) \tag{4-51}$$

4.4.4　物理相似模型变异函数及插值计算

变异函数表示区域化变量的空间相关性，通常以图形的形式说明用所有采样对之间的距离来度量的方差。可以将样品位置间关系的模拟称为变异函数模拟，其反映以分割距离度量的变化性，用于对新位置的估值。变异函数也是衡量区域化变量的空间变异性的主要参数，其大小反映了区域化变量的空间变异程度随距离而变化的特征。

在计算 $\gamma(h)$ 时首先要计算区域化变量 $Z(x)$ 和 $Z(x+h)$ 之差的平方的数学期望。只有在准弱平稳或准内蕴假设条件下,才可以根据 n 对 $Z(x_i)$ 和 $Z(x_i+h)(i=1,2,3,\cdots,n)$ 的数值,通过求平均值的方法来估计 $\gamma(h)$ 值,从而求算一维试验变异函数。把在 x 方向上相距 h 的所有点对 x_i 和 $x_i+h(i=1,2,3,\cdots,n)$ 处的观测值 $Z(x_i)$ 和 $Z(x_i+h)(i=1,2,3,\cdots,n)$ 看成是 $Z(x)$ 和 $Z(x+h)$ 的 n 对现实,则可以用下式计算试验变异函数:

$$\gamma^*(h) = \frac{1}{2n(h)} \sum_{i=1}^{n(h)} \left[Z(x_i) - Z(x_i + h) \right]^2 \tag{4-52}$$

式中　$\gamma^*(h)$——试验变异函数;

h——滞后,为两点之间的距离。

对于不同大小的 h 可算出相应的 $\gamma^*(h)$。用实测的样品值经过上式计算所得的变异函数称为试验变异函数。

如图 4-24 所示,在物理相似模型竖直平面选取了 7 个位置(位置编号 8 为估值点位置),进行了干燥过程中温度或含水率测量。图 4-24 中圆圈的位置表示温度或含水率测量位置,实测的一组温度或含水率监测数据列于表 4-18。

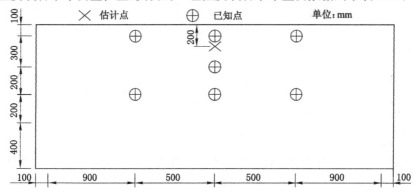

图 4-24　模型估计点和已知点的位置示意

表 4-18　采样点的位置坐标及温度、含水率测量值

位置编号	X/m	Z/m	含水率/%	温度/℃
1	1.0	1.1	3.62	11.57
2	1.5	1.1	4.38	12.13
3	2.0	1.1	4.92	12.84
4	1.5	0.8	5.62	13.51
5	1.0	0.6	6.88	14.85
6	1.5	0.6	7.15	14.91

表 4-18(续)

位置编号	X/m	Z/m	含水率/%	温度/℃
7	2.0	0.6	6.78	14.62
8	1.5	1.0	估值点	估值点

下面以温度估计为例来描述整个计算过程。通过计算已知温度点在不同分离距离下的样本函数值,将其拟合得到物理模型的温度变异函数,即

$$\begin{cases} \gamma = 2.3 + \dfrac{8}{1 + 10^{(68-x)\times 0.066}} \\ R^2 = 0.86 \end{cases} \tag{4-53}$$

相似物理模型的温度变异函数曲线如图 4-25 所示。

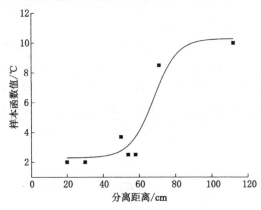

图 4-25　相似物理模型的温度变异函数曲线

联立式(4-48)和式(4-53)可得所有的权重和拉格朗日数矩阵式(4-54),通过求解式(4-54)可得:$\lambda_1 = -0.11$;$\lambda_2 = -0.19$;$\lambda_3 = -0.37$;$\lambda_4 = 2.98$;$\lambda_5 = -0.42$;$\lambda_6 = -0.41$;$\lambda_7 = -0.48$。最终,将权重和已知点的温度值代入式(4-43),即可得到待确定位置的温度估计值为 12.56 ℃。

$$\begin{bmatrix} \gamma_{11} & \gamma_{12} & \gamma_{13} & \gamma_{14} & \gamma_{15} & \gamma_{16} & \gamma_{17} & 1 \\ \gamma_{21} & \gamma_{22} & \gamma_{23} & \gamma_{24} & \gamma_{25} & \gamma_{26} & \gamma_{27} & 1 \\ \gamma_{31} & \gamma_{32} & \gamma_{33} & \gamma_{34} & \gamma_{35} & \gamma_{36} & \gamma_{37} & 1 \\ \gamma_{41} & \gamma_{42} & \gamma_{43} & \gamma_{44} & \gamma_{45} & \gamma_{46} & \gamma_{47} & 1 \\ \gamma_{51} & \gamma_{52} & \gamma_{53} & \gamma_{54} & \gamma_{55} & \gamma_{56} & \gamma_{57} & 1 \\ \gamma_{61} & \gamma_{62} & \gamma_{63} & \gamma_{64} & \gamma_{65} & \gamma_{66} & \gamma_{67} & 1 \\ \gamma_{71} & \gamma_{72} & \gamma_{73} & \gamma_{74} & \gamma_{75} & \gamma_{76} & \gamma_{77} & 1 \\ 1 & 1 & 1 & 1 & 1 & 1 & 1 & 0 \end{bmatrix} \begin{bmatrix} \lambda_1 \\ \lambda_2 \\ \lambda_3 \\ \lambda_4 \\ \lambda_5 \\ \lambda_6 \\ \lambda_7 \\ \mu \end{bmatrix} = \begin{bmatrix} \gamma_{01} \\ \gamma_{02} \\ \gamma_{03} \\ \gamma_{04} \\ \gamma_{05} \\ \gamma_{06} \\ \gamma_{07} \\ 1 \end{bmatrix} \tag{4-54}$$

理想的变异函数是一条规则曲线,但实际的试验变异函数曲线往往是一条不规律的折线,这种折线难以反映区域化变量的变异性随距离增大的连续变化。因此需要对试验变异曲线进行理论拟合,以得出区域化变量的连续性变异规律。理论拟合通过某种确定性的公式以表达相关理论模型,这些理论模型将直接参与克里金计算。最常用的理论模型为指数模型、高斯模型、幂函数模型、立方模型及拉普拉斯模型。

根据试验变异函数的特征,选择合适的理论模型,通过变异函数的拟合来确定理论变异函数中的参数,以做后续进行克里金估值计算等之用。为使计算结果更加准确可靠,选择合适的变异函数模型是非常关键的,确定理论变异函数后还要对其最优性进行检验。通过最优性检验可以检验理论变异函数与试验变异函数离散点的拟合程度,也是分析克里金估值计算中的应用效果的有效检验方法。

检验方法可以选择估值方差检验法、交叉验证法或观察法。分别对上述温度值进行指数模型、高斯模型、幂函数模型、立方模型、拉普拉斯模型的拟合以得到变异函数,用于对比分析。各种模型的拟合曲线如图 4-26 所示。

将 5 种变异函数进行估值得到各自的平均值、标准偏差、方差、均方差,结

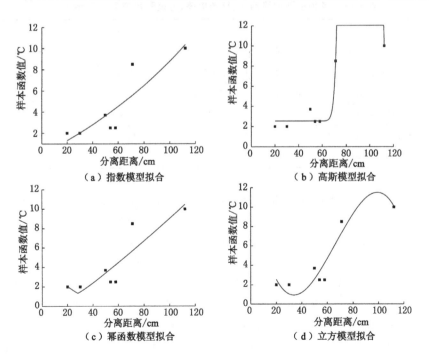

（a）指数模型拟合　（b）高斯模型拟合　（c）幂函数模型拟合　（d）立方模型拟合

图 4-26　试验变异函数的模型拟合

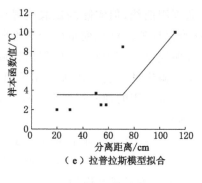

（e）拉普拉斯模型拟合

图 4-26 （续）

果列于表 4-19。通过对比自行推导的模型以及常见的指数模型、高斯模型、幂函数模型、立方模型和拉普拉斯模型的插值估计,可以发现自行推导的变异函数在用于插值估计时,在标准偏差、方差和均方差的相应值方面都是较小的。因此,可以得出自行推导的变异函数适合于模型材料温度场演化过程中温度场重构。

表 4-19　各种模型的平均值、标准偏差、方差和均方差计算结果

	平均值	标准偏差	方差	均方差
自行推导模型插值	0.576	0.102	0.302	0.457
指数模型插值	0.544	0.115	0.326	0.492
高斯模型插值	0.535	0.116	0.320	0.496
幂函数模型插值	0.564	0.125	0.336	0.467
立方模型插值	0.582	0.116	0.317	0.474
拉普拉斯模型插值	0.531	0.128	0.330	0.479

　　图 4-27(a)是光纤光栅温度测量得到的模型温度分布图,图 4-27(b)是DTS分布式光纤测量结合光纤光栅温度测量得到的模型温度分布图。由图 4-27 可以发现,仅有光纤光栅测量时,得到的模型温度分布较为粗略,温度信息分辨率低,尤其是模型左上部。当结合 DTS 分布式光纤测量以后,模型温度分布信息更精细,特别是细化了模型左上部的温度分布,更全面地反映了模型温度分布规律。由此可知,DTS 分布式光纤测量对于提高模型测温的准确性,获取模型全场温度分布规律具有重要作用。

　　本试验中采用自行推导的插值方法并结合克里金方法,已知点采用动态选取,这是由于所选参与插值计算的已知点范围是动态变化的,其方法是以估

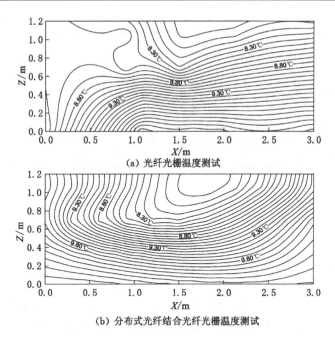

(a) 光纤光栅温度测试

(b) 分布式光纤结合光纤光栅温度测试

图 4-27　不同数据源插值法绘制温度图

计精度控制为目标,利用误差对比的结果进行反馈优化,选取不同范围测量值用以估计。估测点在模型中部的,以估测点为中心,选取半径为 0.6 m 范围内的光纤光栅、分布式光纤的测试数据;估测点在模型四周的,选取半径为 1.0 m 范围内的测试数据。当分布式光纤和光纤光栅与被估计点距离相同时,对光纤光栅的测量数据分配更大的权重,利用这种动态选取法能够有效地把光纤光栅的高精度和分布式光纤的高密度相结合,提高整体的测试准确度。

　　利用 7 个光纤光栅测得编号 1～编号 7 的温度值,通过这些已知点的温度,利用插值法计算出估测点(编号 8)的温度,再利用编号 8 位置处的热电偶得到所在位置的实测值,比较不同时间同一位置处的估计值和实测值的误差,如表 4-20 所列。由表可得插值精度偏差小于 2.0%。

表 4-20　温度估测的误差分析

已知点光纤光栅实测值/℃							估计值 /℃	热电偶 实测值/℃	相对 误差/%
编号 1	编号 2	编号 3	编号 4	编号 5	编号 6	编号 7	编号 8	编号 8	
14.70	14.73	14.78	14.99	15.16	15.21	15.20	14.81	14.59	1.51
10.53	10.55	10.61	9.75	8.80	8.66	8.48	10.30	10.44	1.34

表 4-20(续)

已知点光纤光栅实测值/℃							估计值/℃	热电偶实测值/℃	相对误差/%
编号1	编号2	编号3	编号4	编号5	编号6	编号7	编号8	编号8	
12.39	12.33	12.39	12.13	11.53	11.39	11.31	12.28	12.10	1.49
12.73	12.70	12.72	11.58	11.28	11.23	11.28	12.50	12.71	1.65
13.55	13.51	13.55	13.65	12.98	12.98	12.95	13.56	13.35	1.57
11.54	11.43	11.47	11.75	11.65	11.67	11.61	11.53	11.69	1.37

4.5 本章小结

（1）首先介绍了空间插值的概念,对常用插值方法的优缺点进行了比较。克里金插值以空间信息统计学为理论基础,可以克服内插中误差难以分析的问题,能够对误差做出逐点的理论估计,也不会产生回归分析的边界效应,适用于瓦斯分布场的重建。其次介绍了空间信息统计方法的基本理论基础,对模型材料干燥过程中温度场分布进行了变异函数分析及函数拟合。最后对采用自行推导的变异函数与指数模型、高斯模型、幂函数模型、立方模型、拉普拉斯模型拟合进行温度场分布场插值结果的对比分析表明,自行推导的变异函数模型具有更好的插值效果,可以用于模型材料干燥过程中温度场重构。

（2）基于拉曼散射的 DTS 技术是一种可以实时测量光纤沿线的温度场分布的测量方法,在工程结构健康及安全监控等领域具有重要的应用价值。本章从光纤的基本特性出发,介绍了光在光纤内的传输特性及光的损耗、色散理论;研究了光纤内的散射原理和 OTDR 技术的基本原理,对系统的空间分辨率、空间定位精度等性能指标进行了试验研究。

（3）对不同配比的模型材料,利用电磁式体积含水率传感器进行测量,其测量结果与实际含水率相比得到的相关系数达到了 0.85 以上,说明此种体积含水率传感器的测量结果受模型材料的不同配比影响较小。随机选择 3 个电磁式体积含水率传感器,每两个传感器在不同配比模型材料中的测量结果相关系数都达到了 0.90 以上,说明此种传感器有较好的一致性。

5 模型干燥(热湿耦合)试验研究及结果分析

5.1 平面模型试验

5.1.1 试验概况

为了研究用于采矿类模型试验中铺装后的干燥情况,解决模型试验中模型材料在干燥过程中因含水率的差异性导致其强度达不到设计力学强度,而导致实型与模型之间存在相似误差这一问题,在实验室搭建了3台平面物理相似模型,利用分布式光纤传感技术和电磁反射技术对模型材料在干燥过程中的温度和含水率变化进行试验研究。

(1) 夏季静风条件下物理相似模型试验

模型的外形尺寸为 3 000 mm×1 200 mm×200 mm,几何相似比为1∶50,容重相似比为1.6。模型铺装过程采用石膏、大白粉作为胶结料,以河砂作为骨料,按照配比搅拌均匀后分层铺入模型并夯实,层与层之间铺设云母粉用以模拟岩层层理。各岩层厚度与相似材料配比及消耗如表5-1所列,其中,最佳含水率是根据4.3节,通过研究模型材料试件在干燥过程中含水率与抗压强度的关系,结合模型各层位所需的设计抗压强度计算出来的。

试验中模型材料的细骨料采用的砂子为天然砂,细度模数为2.3,粒径分布范围为0~0.1 mm;凝胶材料用石膏粉和大白粉,石膏粉主要化学成分为 $CaSO_4$,硬度 1.5~2.0 N/mm²,密度 2.3 g/cm³;大白粉主要化学成分为 $CaCO_3$,密度 2.71 g/cm³。根据表5-1的配比取一定质量的砂子、石膏、大白粉,加水混合制成含水率为 5.95% 的模型材料,经过搅拌均匀后,铺设在模型上。

表 5-1　夏季静风条件下模型各岩层厚度与相似材料配比及消耗

序号	岩性	岩层实际厚度/m	岩层模型厚度/cm	配比号	抗压强度/MPa	最佳含水率/%	材料消耗/kg		
							砂子	石膏	大白粉
17	细砂岩	9.74	19.48	737	0.63	3.63	60.65	63.24	69.31
16	黄土	1.60	3.20	828	0.22	3.74	27.31	27.99	30.72
15	细砂岩	5.06	10.12	837	0.65	3.31	86.37	89.61	97.15
14	粉砂岩	5.20	10.40	846	0.58	3.55	88.76	93.18	99.84
13	中砂岩	4.42	8.84	855	0.55	4.26	75.42	80.16	84.86
12	粗砂岩	6.23	12.46	837	0.65	3.31	106.34	110.33	119.62
11	细砂岩	4.08	8.16	828	0.22	3.74	69.64	71.36	78.34
10	泥岩	1.85	3.70	928	0.16	3.82	31.97	32.68	35.52
9	粉砂岩	10.24	20.48	737	0.63	3.63	172.03	179.40	196.61
8	泥岩	1.32	2.64	928	0.16	3.82	22.81	23.32	25.34
7	12上煤层	2.00	4.00						
6	泥岩	1.33	2.66	837	0.65	3.31	22.70	23.55	25.54
5	细砂岩	3.61	7.22	737	0.63	3.63	60.65	63.24	69.31
4	泥岩	2.10	4.20	846	0.55	3.55	18.77	19.71	21.12
3	细砂岩	2.00	4.00	837	0.65	3.31	34.14	35.20	38.40
2	12 煤层	2.00	4.00						
1	细砂岩	5.00	10.00	737	0.63	3.63	84.00	87.60	96.00

　　模型试验分为模型搭建完成后的带模养护、拆除侧护槽钢的无模板下养护和试验等环节。模型于 2016 年 8 月 26 日搭建完成，带模养护至 9 月 3 日，无模板下养护至 2016 年 9 月 16 日，9 月 18 日—19 日进行模型试验。模型干燥的外界边界条件是受夏季气候影响的室内环境，其处于无通风状态，环境相对湿度大于 70%，风速小于 0.5 m/s，环境温度在 25~32 ℃，铺装后的模型试验如图 5-1 所示。

　　借助本书第 4 章推导出的物理相似模型干燥过程中温度和含水率的变异函数，利用空间插值法绘制出含水率和温度云图，研究物理相似模型干燥过程中内部温度、含水率分布及热湿耦合规律，并对建立的热湿耦合数学模型进行验证。

　　(2) 夏季通风条件下物理相似模型试验

　　模型的外形尺寸为 3 000 mm×1 200 mm×200 mm，几何相似比 1：200，容重相似比 1.6。模型铺装过程采用石膏、大白粉作为胶结料，以河砂作

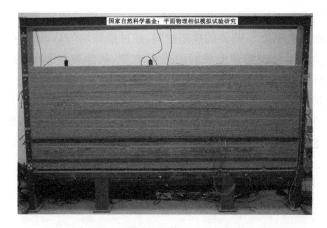

图 5-1 夏季静风条件下模型试验

为骨料,按照配比搅拌均匀后分层铺入模型并夯实,层与层之间铺设云母粉用以模拟岩层层理,各岩层厚度及材料配比和消耗如表 5-2 所列。

表 5-2 夏季通风条件下模型各岩层厚度与材料配比及消耗

序号	岩性	原型厚度/m	模型厚度/cm	配比号	抗压强度/MPa	最佳含水率/%	材料消耗/kg		
							砂子	石膏	大白粉
12	细砂岩	70	35	837	0.65	3.31	18.71	0.70	1.64
11	砾岩	150	75	737	0.63	3.63	66.94	2.87	6.69
10	破碎带	1	0.5	928	0.16	3.82	0.28	0.006 1	0.025
9	砾岩	90	45	737	0.63	3.63	46.12	1.98	4.61
8	泥岩	50	25	846	0.58	3.55	15.76	0.79	1.18
7	细砂岩	40	20	837	0.65	3.31	10.69	0.40	0.93
6	粉砂岩	70	35	828	0.22	3.74	19.04	0.48	1.91
5	细砂岩	25	12.5	837	0.65	3.31	6.68	0.25	0.58
4	泥岩	25	12.5	846	0.58	3.55	7.88	0.39	0.59
3	2 煤层	15	7.5						
2	砾岩	40	20	737	0.63	3.63	11.53	0.49	1.15
1	泥岩	60	30	846	0.58	3.55	18.91	0.95	1.42

试验中模型材料的细骨料采用砂子作为天然砂,细度模数为 2.3,粒径分布范围为 0~0.1 mm;凝胶材料用石膏粉和大白粉,石膏粉主要化学成分为 $CaSO_4$,硬度 1.5~2.0 N/mm^2,密度 2.3 g/cm^3;大白粉主要化学成分为

$CaCO_3$,密度 2.71 g/cm³;根据表 5-2 的配比取一定质量的砂子、石膏、大白粉,加水混合制成含水率为 5.95% 的模型材料,经过搅拌均匀后,铺设在模型上。

模型试验分为模型搭建完成后的带模养护、拆除侧护槽钢的无模板下养护和试验等环节。模型于 2017 年 9 月 4 日搭建完成,带模养护至 9 月 14 日,无模板下养护至 2017 年 9 月 25 日,26 日—27 日进行模型试验,共历时 24 d。模型干燥的外界边界条件是受夏季气候影响的室内环境,处于局部通风状态,环境相对湿度大于 70%,风速 0.5~1.9 m/s,环境温度在 25~35 ℃,铺装后的模型试验如图 5-2 所示。

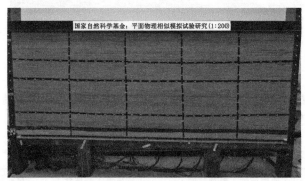

图 5-2 夏季通风条件下模型试验

(3) 秋季静风条件下物理相似模型试验

模型的外形尺寸为 3 000 mm×1 200 mm×200 mm,几何相似比 1:200,容重相似比 1.6。模型铺装过程采用石膏、大白粉作为胶结料,以河砂作为骨料,按照配比搅拌均匀后分层铺入模型并夯实,层与层之间铺设云母粉用以模拟岩层层理,各岩层厚度及材料配比、消耗如表 5-3 所列。

表 5-3 秋季静风条件下模型各岩层厚度与相似材料配比及消耗

序号	岩性	原型厚度/m	模型厚度/cm	配比号	抗压强度/MPa	最佳含水率/%	材料消耗/kg		
							砂子	石膏	大白粉
15	细砂岩	3.61	1.80	737	0.63	3.63	60.65	63.24	69.31
14	粉砂岩	16.70	8.35	828	0.22	3.74	8.53	0.21	0.86
13	中砂岩	6.02	3.01	846	0.58	3.55	8.53	0.43	0.64
12	砂质泥岩	5.49	2.74	928	0.16	3.82	8.64	0.19	0.77
11	中砂岩	15.58	7.79	846	0.58	3.55	8.53	0.43	0.64
10	砂质泥岩	52.07	26.03	928	0.16	3.82	8.64	0.19	0.77

表 5-3(续)

序号	岩性	原型厚度/m	模型厚度/cm	配比号	抗压强度/MPa	最佳含水率/%	材料消耗/kg		
							砂子	石膏	大白粉
9	粉砂岩	10.24	5.12	737	0.63	3.63	172.03	179.40	196.61
8	泥岩	1.32	0.66	928	0.16	3.82	22.70	23.55	25.54
7	粉砂岩	10.81	5.40	828	0.22	3.74	8.53	0.21	0.86
6	粗砂岩	6.23	3.11	837	0.65	3.31	106.34	110.33	119.62
5	砂质泥岩	5.70	2.85	928	0.16	3.82	8.64	0.19	0.77
4	泥岩	50.00	25.00	846	0.58	3.55	157.60	78.80	118.20
3	1 煤层	10.98	5.50						
2	细砂岩	6.21	3.10	837	0.65	3.31	8.53	0.32	0.75
1	中砂岩	4.26	2.13	846	0.58	3.55	8.53	0.43	0.64

试验中模型材料的细骨料采用砂子为天然砂,细度模数为 2.3,粒径分布范围为 0~0.1 mm;凝胶材料用石膏粉和大白粉,石膏粉主要化学成分为 $CaSO_4$,硬度 1.5~2.0 N/mm^2,密度 2.3 g/cm^3;大白粉主要化学成分为 $CaCO_3$,密度 2.71 g/cm^3;根据表 5-3 的配比取一定质量的砂子、石膏、大白粉,加水混合制成含水率为 5.95% 的模型材料,经过搅拌均匀后,铺设在模型上。

模型试验分为模型搭建完成后的带模养护、拆除侧护槽钢的无模板下养护和试验等环节。模型于 2015 年 11 月 19 日搭建完成,带模养护至 12 月 10 日共计 21 d,无模板下养护至 2016 年 1 月 5 日共计 26 d,1 月 6 日—10 日进行模型试验,共历时 53 d。模型干燥的外界边界条件是受冬季气候影响的室内环境,其处于无通风状态,环境湿度 40%~70%,风速小于 0.5 m/s,环境温度 2~8 ℃,铺装后的模型试验如图 5-3 所示。

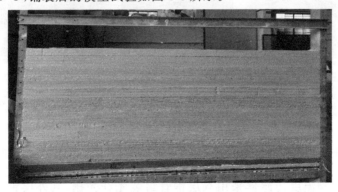

图 5-3　冬季静风条件下模型试验

5.1.2 传感系统及传感器布置

模型试验中分布式传感光纤的布置与埋设工艺是试验测试准确度的关键。通常室内模型试验由于模型尺寸或规模较小,加之模型的物理力学参数与光纤力学参数之间需要互相匹配,因此要求光纤与模型之间尽量以直接贴合为准,而不需要在模型材料与光纤之间添加黏结剂。

采用预埋式光纤安装,在模型搭建的同时埋入传感光纤。以模型试验1为例,模型铺装之前,先将竖直光纤安装在模型架上,把光纤上端固定,同时在光纤下端施加一定的载荷,以保证模型铺设过程中光纤不会移位,温度传感光纤对周围环境的应力和应变并不敏感。当保证光纤处于垂直状态后,开始在模型架中铺设岩层底板,使光纤下端也处于紧固状态。随后,开始模型煤层及其上覆岩层的铺装,并在对应高度时进行水平光纤的埋设,其中,水平光纤均埋设在岩层分层的内部,以保证水平岩层在发生弯曲下沉时光纤仍处于岩层之内而不与模型脱离。

本试验采用了德国 LIOS 公司的拉曼分布式光纤温度传感系统。本系统的优点:采用光信号传输,可用于在电气敏感区域进行温度测量,采用全数字的采集网络,使测量可靠度和测量精度大大增加。温度场数据采集间隔为每5 min 观测一次。由于仪器的扫描速度很快,在 10 s 内可以完成全部测点的读数,故可以认为一次扫描得到的温度场实测数据是同一时刻的观测值。其温度测量范围为 $-50\sim150$ ℃,空间分辨率 0.1 m,温度分辨率 0.1 ℃,使用非铠装松套多模光纤作为测温光纤。电磁式体积含水率测量设备和拉曼分布式光纤温度传感系统如图 5-4 所示。

 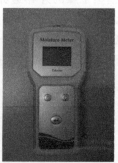 

(a)传感测量头　　(b)手持读取仪　　(c)拉曼分布式分析仪

图 5-4　电磁式体积含水率测量设备和拉曼分布式光纤温度传感系统

光纤光栅温度传感器采用双层钢管封装光纤光栅,其外层钢管直径为3 mm,内层钢管直径为 1.2 mm。其中,裸光纤光栅封装于内层钢管中。双层钢管结构有效地提高了传感器的热敏系数。在两层钢管内均主要使用环氧树脂胶固定光纤,隔绝光纤的轴向应变,有效地减少了外界应变干扰。其测量范围为−20~150 ℃,空间分辨率0.01 m,温度分辨率0.05 ℃。光纤光栅通过一条光纤串联在一起,通过一条长30 m的光纤将传感器的光信号传输到光信号解调仪。光信号解调仪采用美国MOI公司生产的SM225型解调仪,该仪器的工作波长范围为1 520~1 570 nm,波长分辨率为1 pm。

采用的电磁式含水率传感器是由杭州联测自动化技术有限公司生产的,传感器型号为HT-60,由主体和三根探针组成,探针长度为70 mm,直径为3 mm,测量区域是以中央探针为中心,直径10 cm、高10 cm的圆柱体内。其测量范围为0~100%,测量精度±1%,测量的主要参数是体积含水率。采用的热电偶是由江苏兆龙电气有限公司生产的K型热电偶,传感器型号为WZP-50,其测量范围为−50~300 ℃,测量精度0.1 ℃,每隔10 min自动记录一次数据。

利用分布式光纤、光纤光栅温度传感器及热电偶监测物理模型干燥过程中的内部温度变化,所用到的传感设备及其布置如图5-5所示。由图可知,模型中DTS测温光纤的铺设共分为5层,光纤光栅温度传感器(FBG)共15个,分别埋设在模型的不同高度;热电偶作为光纤测温对照和误差分析,故只埋设了2支。为保证传感器在模型中埋设位置的准确,试验采用了夯实成型、开孔埋入技术。测温光纤的铺设如图5-6所示,电磁式含水率传感器的布置如图5-7所示。

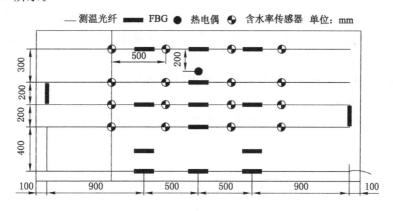

图5-5　模型所用传感设备及其布置

利用电磁式含水率传感器可以测量相似物理模型干燥过程中的内部体积含水率变化。电磁式含水率传感器(FDR)共20支,从物理模型侧面插入含水

图 5-6 测温光纤的铺设

图 5-7 电磁式含水率传感器布置

率传感器。由于模型材料内部温度受外界环境影响变化速率较快,故温度是每 2 min 测量一次;而模型材料内部含水率变化速度相对较慢,故含水率是每 2 h 测量一次。

5.1.3 夏季静风条件下物理模型内部温度和水分场特征

（1）温度场

平面模型试验在夏季不通风的环境下,温度测试结果可分为初期、中期、后期 3 个阶段,其实测重构温度场分布特征如图 5-8 所示(图中的 X、Y 分别代表模型的长度和高度)。

① 模型干燥初期。模型铺装完毕,侧护槽钢拆卸之前,其温度场分布如图 5-8(a)所示,温度等值线层间梯度约为 0.45 ℃。温度分布特征为模型四周温度高,中部形成低温核区,且低温核区为一个类椭圆形,最高温度点在 0.7 m 处,温度由中心向模型上下两边界逐渐升高。这主要是在模型搭建的过程中,周围温度升高,而材料中部由于有侧护槽钢,此处的模型材料与周围环境的热交换较弱,虽然模型材料中含有石膏,且其处于水化放热阶段,但是放出的热量相比

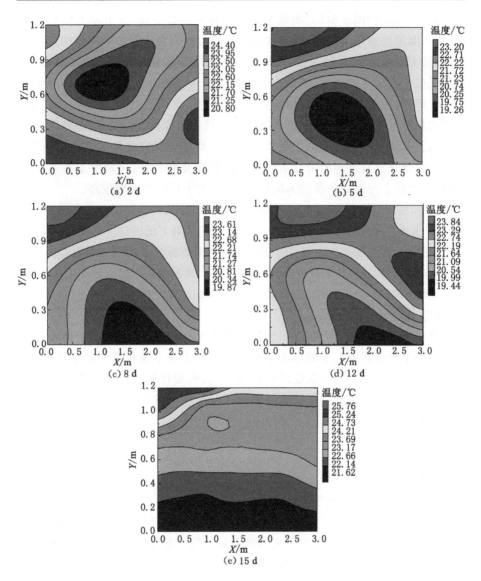

图 5-8　夏季静风条件下物理模型实测重构温度场分布特征

周围温度的升高相对较小,这导致中间位置温度低,四周边界温度高。

②　模型干燥中期。模型侧护槽钢拆除之后,到开挖试验之前,干燥 5 d 时的温度场分布如图 5-8(b)所示,内部四周温度高,中部低温核区范围增大,低温核区呈近似椭圆形,温度由中心向模型四周边界逐渐升高,最低温度点位于 0.4 m 处,整个模型的最大温度差为 3.94 ℃。干燥 8 d 时的温度场分布如

图 5-8(c)所示,较图 5-8(b),类椭圆形低温核区明显下移,由于左上部靠近窗户,外界温度比室内温度高,所以在此处的模型材料温度是整个模型中温度最高的,最大温度差为 3.74 ℃。干燥 12 d 后的温度场分布如图 5-8(d)所示,模型的低温核心区逐渐消失,整个模型的最大温度差为 4.4 ℃。模型内部水分向下迁移,伴随着水分变化较快的蒸发面向下移动,水分从液态转变为气态,需要大量能量用于蒸发潜热,造成其温度比周围温度低,表现为低温核区向底部移动。除了左上角温度由于受外界热源的影响是最高的外,其他位置的温度大致规律是竖直方向为上高下低的温度梯度分布特征,这是由于在热源的影响下,水分会向远离热源的方向移动,导致右下角的含水率较高。

③ 模型干燥后期。开挖试验开始时,模型第 15 天的温度场分布如图 5-8(e)所示,呈水平方向各层温度趋于相同,竖直方向为上高下低的温度梯度分布特征,整个模型的最大温度差为 4.14 ℃。模型内部水分逐渐减少,伴随着蒸发过程的减弱,热量传递转为以固体颗粒导热为主,热传导在热量变化中起主要作用,竖直方向上逐渐形成明显的温度梯度分布特征,水平方向温度大致相同。

(2) 水分场

水分场可体现出平面物理相似模型的干燥指数,用于衡量整个物理相似模型材料干燥的程度。干燥指数是指模型材料由于干燥导致含水率降低,依据模型材料含水率与力学强度的对应关系,当模型材料力学强度达到设计力学强度时的面积占整个模型竖直面积的百分比,以此来确定模型干燥的程度。干燥指数 G 可表示为:

$$G = \frac{S_0}{S} \tag{5-1}$$

式中　S_0——因含水率降低而达到设计力学强度的模型竖直面积;
　　　S——整个模型的竖直面积。

由于每个模型架的模型材料配比都是有差异的,具体的处理思路:由于模型材料的参数众多,抗压强度容易测量而且较其他参数更为重要,所以选取抗压强度作为参考指标。把每种配比模型材料在干燥过程中,通过单轴压缩试验确定出模型材料含水率与试件抗压强度的关系,再根据设计要求的抗压强度,最终确定出模型材料的最佳含水率。整个模型架中有多个模型材料配比,也就对应着多个最佳含水率,由于模型材料在干燥过程中含水率的分布是梯度的,从上到下逐渐升高,让整个模型所有位置的模型材料在同一时间都恰好达到最佳含水率,以使其达到设计力学强度是不可能存在的理想情况。为了方便或简化判断整个模型的材料是否达到设计抗压强度,决定对所有模型材料的最佳含水率取平均值来代表整个模型的最佳含水率。

　　夏季静风条件下物理相似模型实测重构水分场分布特征如图 5-9 所示。物理相似模型在干燥过程中,水分分布呈现出水平方向大致相同,竖直方向上低下高的梯度分布的特征。当干燥指数为 1 时,会出现大部分的模型材料含水率已经低于最佳含水率,导致模型材料实际力学强度大于设计力学强度,增加了试验误差。故在本书中选取干燥指数为 0.8 时,即认为是适合模型试验开挖的判断指标。依照上面的思路可得到该模型整体的最佳含水率是 3.6%。

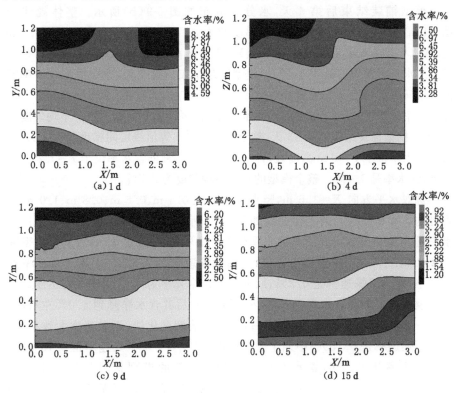

图 5-9　夏季静风条件下物理相似模型实测重构水分场分布特征

　　通过图 5-9 可以得到:夏季无通风条件下,平面模型铺装结束后第 9 天,整个模型的干燥指数为 0.33;第 15 天,整个模型的干燥指数为 0.8。

　　图 5-9 直观地显示了夏季不通风环境下模型材料干燥过程中,模型竖直面上不同时间的模型材料水分的分布特征。由图可知,模型铺装结束后第 1 天,水分场分布如图 5-9(a)所示。水分场分布呈现出水平分层的现象,同一高度的不同位置处的含水率大致相同且变化趋势一致,竖直方向从高到低,含水率逐渐升高,含水率等值线层间梯度约为 0.47%,最高含水率位于 $Y=0.1$ m 高度处,含水率是 8.34%,最低含水率位于 $Y=1.1$ m 高度处,呈现出以中轴

线左右对称的特点,含水率是 4.6%。整个模型的水分不均匀度为 3.75%。

水平方向含水率大致相同,而模型中间位置处含水率低于相同高度其他位置,竖直方向从高到低,含水率呈梯度变化,逐渐升高。这是由于模型材料的干燥主要包含两个物理过程:水分向空气中蒸发和水分在重力的影响下向下迁移,由于室内自然风的作用,在物理模型竖直面中部的干燥接触面更大,蒸发速率要快于一侧绝湿的模型边界位置。

模型铺装结束后第 4 天,水分场分布如图 5-9(b)所示。整体规律与图 5-9(a)相同,含水率等值线层间梯度约为 0.53%,最高含水率位于 $Y=0$ m 处,含水率是 7.6%,最低含水率位于 $Y=1.2$ m 高度处,含水率是 3.1%。整个模型的水分不均匀度低于 4.5%。模型铺装结束后第 9 天,整个模型含水率等值线层间梯度约为 0.5%,最高含水率位于 $Y=0$ m 高度处,含水率是 5.8%,最低含水率位于 $Y=1.2$ m 高度处,含水率是 2.8%。整个模型的水分不均匀度为 3.0%。模型铺装结束后第 13 天,整个模型含水率等值线层间梯度约为 0.34%,最高含水率位于 $Y=0$ m 高度处,含水率是 4.1%,最低含水率位于 $Y=1.2$ m 高度处,含水率是 1.4%。整个模型的水分不均匀度为 2.7%。

选取水平方向 $X=1.5$ m,竖直方向 Y 在 0.4 m、0.6 m、0.8 m、1.0 m 位置处的含水率随时间的变化曲线如图 5-10 所示。最上部的模型材料最初含水率是 5.3%,经过 9 d 后其含水率降到 3.3%左右,经过 15 d 后其含水率降到 2.1%左右,含水率前期变化快,平均干燥速率是 0.22%;中期干燥速率逐渐减小,平均干燥速率是 0.2%;后期干燥速率几乎为 0,含水率保持不变。中部的模型材料最初含水率是 6.12%,经过 9 d 后其含水率降到 4.0%左右,经过 15 d 后其含水率降到 2.8%左右,含水率前期变化快,干燥速率大致相同,平均干燥速率是 0.25%;中期干燥速率逐渐减小,平均干燥速率是 0.18%;后期干燥速率几乎为 0,含水率保持不变。下部的模型材料最初含水率是 6.56%,经过 9 d 后其含水率降到 4.4%左右,经过 15 d 后其含水率降到 3.1% 左右,含水率前期变化快,平均干燥速率是 0.24%;中期干燥速率逐渐减小,平均干燥速率是 0.21%;后期干燥速率几乎为 0,含水率保持不变。

前期是从 0~9 d,此时上部干燥速率>中部干燥速率>下部干燥速率,这个阶段整体的干燥速率是 0.22%~0.24%;中期是从 9~15 d,此时下部干燥速率>上部干燥速率>中部干燥速率,这个阶段整体的干燥速率是 0.17%~0.21%;后期是从 15~20 d,此时干燥速率几乎为 0。

对水平方向 $X=1.5$ m,竖直方向 $Y=0.4$ m、0.6 m、0.8 m、1.0 m 处的含水率随时间的变化曲线做拟合处理,可得到函数:

$$y = a + b \times \exp(c \times t) \tag{5-2}$$

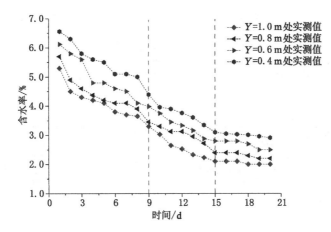

图 5-10　夏季静风条件下物理相似模型材料含水率随时间的变化曲线

式中　y——某一层位的含水率；

　　　t——铺装后的天数；

　　　a,b,c——与环境和高度相关的常数。

夏季静风条件下物理相似模型材料含水率随时间变化的拟合函数如图 5-11 所示。此函数能够较好地拟合模型材料随时间变化的干燥曲线，拟合系数都达到了 0.97 以上，通过此函数可以预测在夏季通风环境下模型材料达到某一含水率所需的干燥时间。依据模型材料在不同含水率下与力学强度的对应关系，可预估使其达到设计力学强度所需的时间。

5.1.4　夏季通风条件下物理模型内部温度和水分场特征

（1）温度场分布特征

平面模型试验在夏季通风条件下，温度测试结果可分为初期、中期、后期3 个阶段，其实测重构温度场分布特征如图 5-12 所示。

① 模型干燥初期。模型铺装完毕，侧护槽钢拆卸之前，其温度场分布特征如图 5-12（a）所示，温度等值线层间梯度约为 0.35 ℃。温度分布特征为模型四周温度高，中部形成低温核区，且低温核区为一个类椭圆形，最低温度点处于 1.0 m 处，温度由中心向模型上下两边界逐渐升高。这主要是因为在模型搭建的过程中，周围温度升高，而模型材料中部有侧护槽钢，此处的模型材料与周围环境的热交换较弱，虽然模型材料中含有石膏，且其处于水化放热阶段，但是放出的热量相对周围温度的升高相对较小，导致中间位置温度低，四周边界温度高。

② 模型干燥中后期。模型侧护槽钢拆除之后，到开挖试验之前，干燥 5 d 时的温度场分布特征如图 5-12（b）所示，内部周边温度高，中部出现低温核

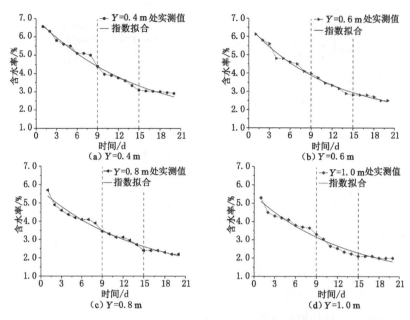

图 5-11　夏季静风条件下物理相似模型材料含水率随时间变化的拟合函数

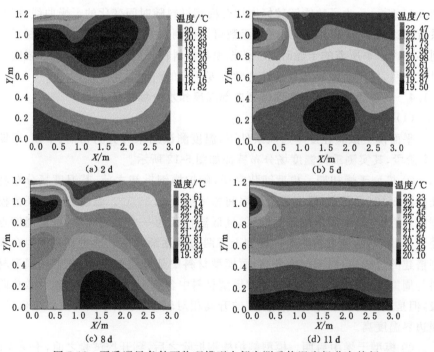

图 5-12　夏季通风条件下物理模型内部实测重构温度场分布特征

区,且低温核区呈近似椭圆形,温度由中心向模型四周边界逐渐升高,最低温度点处于 0.3 m 处,整个模型的最大温度差为 2.97 ℃。而在左侧 1.0 m 位置处,温度相较周围较低,这是由于模型材料靠近通风源,在风流的影响下,模型材料中的水分蒸发较快,水分蒸发消耗模型材料的潜热,此处的温度比周围的模型材料的温度低,温度与周围的温度相差几摄氏度。干燥 8 d 时的温度场分布特征如图 5-12(c)所示,较图 5-12(b),类椭圆形低温核区明显下移,内部最低温度点移动至最下部,左上部在风流的作用下,温度一直比周围模型材料温度低,所以在此处的模型材料温度是整个模型中温度最低的,最大温度差为 3.74 ℃。模型内部水分向下迁移,伴随着水分变化较快的蒸发面向下移动,水从液态转变为气态,需要大量能量用于蒸发潜热,造成其温度比周围温度低,表现为低温核区向底部移动。除了左上角温度由于受外界风流的影响,温度是最低的外,其他位置大致的规律是竖直方向为上高下低的温度梯度分布特征,这是由于在热源的影响下,水分会向远离热源的方向移动,导致右下角的含水率较高,温度梯度分布与水分的梯度分布是相关的。

③ 模型干燥后期。开挖结束后,模型第 11 天的温度场分布特征如图 5-12(d)所示,呈水平方向各层温度趋于相等,竖直方向为上高下低的温度梯度分布特征,整个模型的最大温度差为 3.13 ℃。模型内部水分逐渐减少,伴随着蒸发过程的减弱,热量传递转为以固体颗粒导热为主,热传导在热量变化中起主要作用,竖直方向上逐渐形成明显的温度梯度分布特征,水平方向温度大致相同。

(2) 水分场

依照上面的思路可得到该模型整体的最佳含水率是 3.55%。夏季通风条件下物理模型内部实测重构水分场分布特征如图 5-13 所示。通过图 5-13 可以得到:夏季无通风条件下,平面模型铺装结束后第 9 天,整个模型的干燥指数为 0.33;第 11 天,整个模型的干燥指数为 0.80。

图 5-13 直观地反映了夏季通风环境下模型材料干燥过程中水分分布特征。从图中可以看出,含水率分布呈现出分层的现象,同一高度不同位置处的含水率大致相同且变化趋势一致,竖直方向从高到低含水率逐渐升高,含水率等值线层间梯度约为 0.58%,最高含水率位于 $Y=0.05$ m 高度处,含水率是 8.24%;最低含水率位于 $Y=1.2$ m 高度处,含水率是 3.60%。整个模型的水分不均匀度低于 4.64%。

水平方向含水率大致相同,而模型中间位置处含水率低于相同高度其他位置,竖直方向从高到低,含水率呈梯度变化,逐渐升高。这是由于模型材料的干燥主要包含两个物理过程:水分向空气中蒸发和水分在重力的影响下移动,在

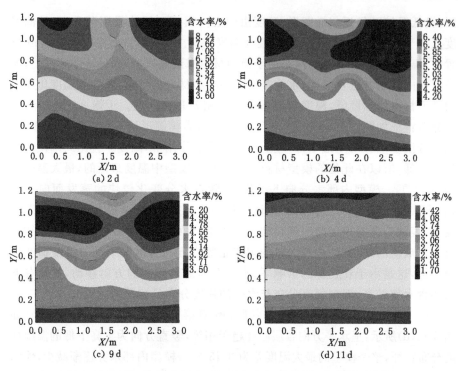

图 5-13　夏季通风条件下物理模型内部实测重构水分场分布特征

模型平面的中部,由于室内自然风的作用,蒸发速率要比模型边界处的快。

模型铺装结束第 4 天的水分场分布特征如图 5-13(b)所示。整体规律与图 5-13(a)相同,含水率等值线层间梯度约为 0.28%,最高含水率位于 $Y=0$ m 处,含水率是 6.2%;最低含水率位于 $Y=1.0$ m 高度处,含水率是 4.2%,整个模型的水分不均匀度为 2%。模型铺装结束第 9 天的水分场分布特征如图 5-13(c)所示,整个模型含水率等值线层间梯度约为 0.21%,最高含水率位于 $Y=0$ m 高度处,含水率是 5.1%;最低含水率位于 $Y=0.95$ m 高度处,含水率是 3.5%,整个模型的水分不均匀度为 1.6%。最低含水率的位置不同于其他环境下的水分分布特征,不再是上低下高的梯度分布,而是最低含水率在 $Y=0.95$ m 高度处,主要因为此处受到通风的影响,风速使水分的蒸发速率加快,导致此处的含水率低,比顶部的含水率还要低。模型铺装结束第 11 天的水分场分布特征如图 5-13(d)所示,整个模型含水率等值线层间梯度约为 0.34%,最高含水率位于 $Y=0$ m 高度处,含水率是 4.1%;最低含水率位于 $Y=1.2$ m 高度处,含水率是 2.0%,整个模型的水分不均匀度为 2.1%。

水平方向 $X=1.5$ m,竖直方向 Y 在 0.4 m、0.6 m、0.8 m、1.0 m 位置处

的含水率随时间的变化曲线如图 5-14 所示。

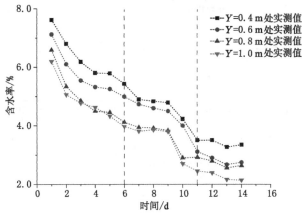

图 5-14 夏季通风条件下物理模型内部含水率随时间的变化曲线

最上部的模型材料最初含水率是 5.06%,经过 6 d 时含水率降到 3.97% 左右,经过 11 d 时含水率降到 2.45% 左右,含水率前期变化慢,平均干燥速率是 0.18%;中期干燥速率逐渐增加,平均干燥速率是 0.3%;后期干燥速率几乎为 0,含水率保持不变。中部的模型材料最初含水率是 6.1%,经过 6 d 时含水率降到 5.0% 左右,经过 11 d 时含水率降到 3.11% 左右,含水率前期变化慢,平均干燥速率是 0.18%;中期干燥速率逐渐增加,平均干燥速率是 0.38%;后期干燥速率几乎为 0,含水率保持不变。下部的模型材料最初含水率是 6.8%,经过 6 d 时含水率降到 5.43% 左右,经过 11 d 时含水率降到 3.5% 左右,含水率前期变化慢,平均干燥速率是 0.23%;中期干燥速率逐渐增加,平均干燥速率是 0.39%;后期干燥速率几乎为 0,含水率保持不变。

前期是从 0~6 d,此阶段下部干燥速率>中部干燥速率=上部干燥速率,这个阶段整体的干燥速率是 0.18%~0.23%;中期是从 6~11 d,此阶段下部干燥速率>中部干燥速率>上部干燥速率,这个阶段整体的干燥速率是 0.30%~0.38%;后期是从 11~14 d,此阶段干燥速率几乎为 0。

对水平方向 $X=1.5$ m,竖直方向 $Y=0.4$ m、0.6 m、0.8 m、1.0 m 处的含水率随时间的变化曲线做拟合处理,可得到如式(5-2)的函数式。夏季通风条件下物理模型材料含水率随时间变化的拟合函数如图 5-15 所示。此函数能够较好地拟合模型材料随时间变化的干燥曲线,拟合系数都达到了 0.97 以上,通过此函数可以预测在夏季通风环境下模型材料达到某一含水率所需的干燥时间,依据模型材料在不同含水率下与力学强度的对应关系,就可预估使其达到设计力学强度所需的时间。

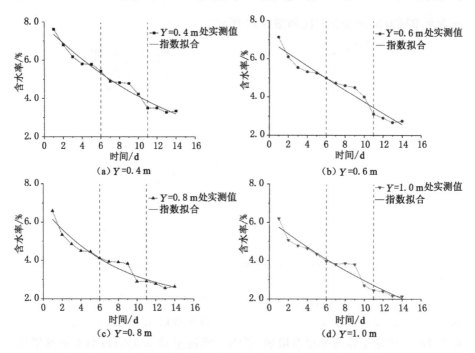

图 5-15　夏季通风条件下物理模型内部含水率随时间变化的拟合函数

5.1.5　冬季静风条件下物理模型内部温度和水分场分布特征

（1）温度场分布特征

二维模型试验在秋、冬季节不通风的条件下,温度测试结果可分为初期、中期、后期 3 个阶段,其实测重构温度场分布特征如图 5-16 所示。

① 模型干燥初期。模型铺装完毕,侧护槽钢拆卸之前,其温度场分布特征如图 5-16(a)所示,温度等值线层间梯度约为 0.07 ℃。温度分布为模型四周温度低,中部形成高温核区,且高温核区为一个类椭圆形,最高温度点处于 0.7 m 处,温度由中心位置向模型上下两边界逐渐降低。这主要是因为在模型搭建的过程中,周围温度越来越低,而且模型材料中含有石膏,其处于水化放热阶段,模型中部与周围环境的热交换较弱,放出的热量聚集,导致中间位置温度高,上下边界温度低。

② 模型干燥中期。模型侧护槽钢拆除之后,到开挖试验之前,干燥 27 d 时的温度场分布特征如图 5-16(b)所示,内部四周温度高,中部出现低温核区,且低温核区呈近似椭圆形,温度由中心位置向模型四周边界逐渐升高,最低温度点处于 1.0 m 处,整个模型的最大温度差为 2.4 ℃。干燥 38 d 时的温度场分布特征如图 5-16(c)所示,较图 5-16(b)的特征,类椭圆形低温核区明

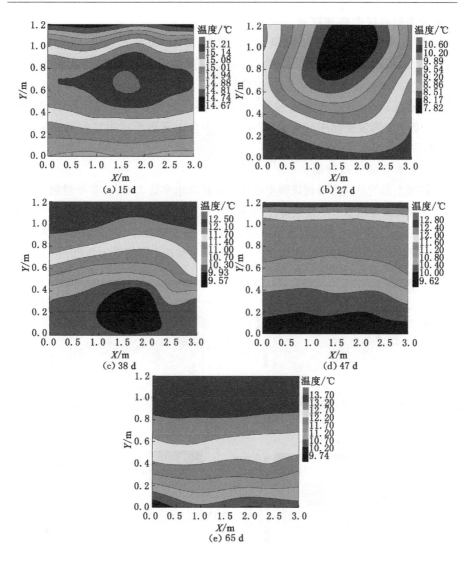

图 5-16　冬季静风条件下物理模型实测重构温度场分布特征

显下移,内部最低温度点移动至 0.25 m 处,模型中上部温度有明显的水平分层,中上部温度高于中下部,最大温度差为 2.5 ℃。干燥 47 d 时的温度场分布特征如图 5-16(d)所示,模型的低温核心区消失,形成水平方向各层温度趋于相等,竖直方向呈上高下低的温度梯度分布特征,整个模型的最大温度差为2.4 ℃。模型内部水分向下迁移,伴随着水分变化较快的蒸发面向下移动,水从液态转变为气态,需要大量能量用于蒸发潜热,造成其温度比周围温度低,表现为低温核区向底部移动。

③ 模型干燥后期。开挖结束后,模型第 65 天的温度场分布特征如图 5-16(e)所示,温度分布呈水平方向各层温度趋于相等,竖直方向为上高下低的温度梯度特征,与图 5-16(d)的特征相似,分布相比之前更均匀。模型内部水分逐渐减少,伴随着蒸发过程的减弱,热量传递转为以固体颗粒导热为主,热传导在热量变化中起主要作用,竖直方向上逐渐形成明显的温度梯度分布,水平方向温度大致相同。

(2) 水分场分布特征

依照上面的思路可得到该模型整体的最佳含水率是 3.6%。冬季静风条件下物理模型实测重构水分场分布特征如图 5-17 所示。通过图 5-17 可以得到:冬季无通风条件下,二维平面模型铺装结束后第 23 天,整个模型的干燥指数为 0.08;第 45天,整个模型的干燥指数为 0.46;第 50 天,整个模型的干燥指数为 0.80。

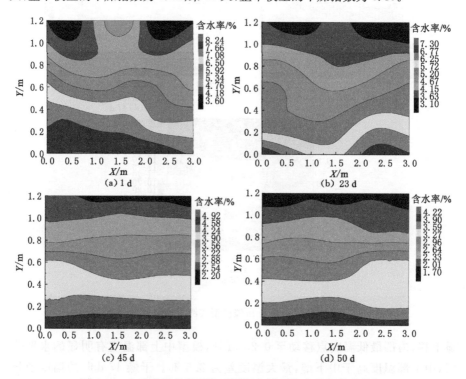

图 5-17　冬季静风条件下物理模型实测重构水分场分布特征

图 5-17 直观地反映了冬季无通风环境下模型材料干燥过程中水分场分布特征。模型铺装完毕第 1 天的水分场分布如图 5-17(a)所示。含水率分布

呈现出分层的现象,同一高度不同位置处的含水率大致相同且变化趋势一致,竖直方向从高到低含水率逐渐升高,含水率等值线层间梯度约为0.58%,最高含水率位于$Y=0.05$ m高度处,含水率是8.24%;最低含水率位于$Y=1.2$ m高度处,含水率是3.6%。整个模型的水分不均匀度低于4.64%。

水平方向含水率大致相同,而模型中间位置处含水率低于相同高度其他位置处,竖直方向从高到低,含水率呈梯度变化,逐渐升高。这是由于模型材料的干燥主要包含两个物理过程:水分向空气中蒸发和水分在重力的影响下向下移动,在模型平面的中部,由于室内自然风的作用,蒸发速率要比模型边界处的快。

模型铺装结束第23天的水分场分布特征如图5-17(b)所示。水分分布整体规律与图5-17(a)相同,含水率等值线层间梯度约为0.53%,最高含水率位于$Y=0$ m处,含水率是7.30%;最低含水率位于$Y=1.2$ m高度处,含水率是3.10%。整个模型的水分不均匀度为4.20%。

模型铺装结束第45天的水分场分布特征如图5-17(c)所示。整个模型的含水率等值线层间梯度约为0.34%,最高含水率位于$Y=0$ m高度处,含水率是4.92%;最低含水率位于$Y=1.2$ m高度处,含水率是2.20%。整个模型的水分不均匀度为2.72%,水分呈现出上高下低的温度梯度分布特征。模型铺装结束第50天的水分场分布特征如图5-17(d)所示。整个模型的含水率等值线层间梯度约为0.32%,最高含水率位于$Y=0$ m高度处,含水率是4.22%;最低含水率位于$Y=1.2$ m高度处,含水率是1.7%。整个模型的水分不均匀度为2.52%。

水平方向$X=1.5$ m,竖直方向Y在0.4 m、0.6 m、0.8 m、1.0 m位置处的含水率随时间的变化曲线如图5-18所示。

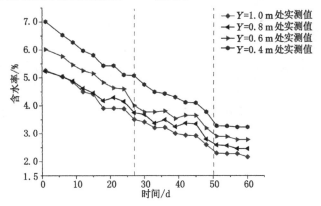

图5-18 冬季静风条件下物理模型材料含水率随时间的变化曲线

最上部的模型材料最初含水率是5.26%,经过27 d时含水率降到3.51%

左右,经过50 d时含水率降到2.3%左右。含水率前期变化快,平均干燥速率是0.06%;中期干燥速率逐渐减小,平均干燥速率是0.05%;后期干燥速率几乎为0,含水率基本保持不变。

中部的模型材料最初含水率是6.02%,经过27 d时含水率降到4.0%左右,经过50 d时含水率降到2.9%左右。含水率前期变化快,平均干燥速率是0.07%;中期干燥速率逐渐减小,平均干燥速率是0.05%;后期干燥速率几乎为0,含水率保持不变。

下部的模型材料最初含水率是7.01%,经过27 d时含水率降到5.1%左右,经过50 d时含水率降到3.28%左右。含水率前期变化快,平均干燥速率是0.07%;中期干燥速率逐渐减小,平均干燥速率是0.08%;后期干燥速率几乎为0,含水率保持不变。

前期是从0~27 d,此阶段下部干燥速率>中部干燥速率>上部干燥速率,这个阶段整体的干燥速率是0.06%~0.08%;中期是从27~51 d,此阶段下部干燥速率>中部干燥速率=上部干燥速率,这个阶段整体的干燥速率是0.05%~0.07%;后期是从51~60 d,此阶段干燥速率几乎为0。

对水平方向$X=1.5$ m,竖直方向$Y=0.4$ m、0.6 m、0.8 m、1.0 m处的含水率随时间的变化曲线做拟合处理,可得到如式(5-2)的函数式。

冬季静风条件下物理模型材料含水率随时间变化的拟合函数如图5-19

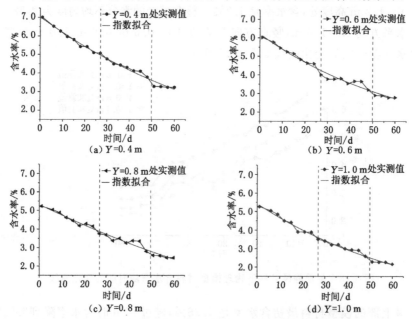

图5-19 冬季静风条件下物理模型材料含水率随时间变化的拟合函数

所示。此函数能够较好地拟合模型材料随时间变化的干燥曲线,拟合系数都达到了 0.97 以上。通过此函数可以预测在夏季静风环境下模型材料达到某一含水率所需的干燥时间,依据模型材料在不同含水率下与力学强度的对应关系,可预估使其达到设计力学强度所需的时间。

5.2 立体模型试验

5.2.1 试验概括

模型的外形尺寸为 3 600 mm×2 000 mm×2 000 mm,几何相似比为 1:400,容重相似比为 1.6。模型铺装过程中采用石膏、大白粉作为胶结料,以河砂作为骨料,按照配比搅拌均匀后分层铺入模型并夯实,层与层之间铺设云母粉用以模拟岩层层理,各岩层厚度与材料配比及其消耗如表 5-4 所列。

表 5-4 模型各岩层厚度与相似材料配比及其消耗

序号	岩性	原型厚度/m	模型厚度/cm	配比号	抗压强度/MPa	最佳含水率/%	材料消耗/kg		
							砂子	石膏	大白粉
12	细砂岩	70	17.50	837	0.65	3.31	1 870.40	70.14	163.66
11	砾岩	250	62.50	737	0.63	3.63	6 693.75	286.88	669.38
10	破碎带	1	0.25	928	0.16	3.82	27.54	0.61	2.45
9	砾岩	160	40.00	737	0.63	3.63	4 611.60	197.64	461.16
8	泥岩	50	12.50	846	0.58	3.55	1 576.00	78.80	118.20
7	细砂岩	40	10.00	837	0.65	3.31	1 068.80	40.08	93.52
6	粉砂岩	70	17.50	828	0.22	3.74	1 904.00	47.60	190.40
5	细砂岩	25	6.25	837	0.65	3.31	668.00	25.05	58.45
4	泥岩	25	6.25	846	0.58	3.55	788.00	39.40	59.10
3	2 煤层	15	3.75						
2	砾岩	40	10.00	737	0.63	3.63	1 152.90	49.41	115.29
1	泥岩	60	15.00	846	0.58	3.55	1 891.20	94.56	141.84

试验中模型材料的细骨料采用的砂子为天然砂,细度模数为 2.3,粒径分布范围为 0~0.1 mm;凝胶材料用石膏粉和大白粉,石膏粉主要化学成分为 $CaSO_4$,硬度 1.5~2.0 N/mm^2,密度 2.3 g/cm^3;大白粉主要化学成分为 $CaCO_3$,密度 2.71 g/cm^3;根据表 5-4 的配比取一定质量的砂子、石膏、大白粉,加水混合制成含水率为 5.95% 的模型材料,经过搅拌均匀后,铺设在模型上。

模型试验过程分为模型搭建、带模养护和试验等环节。模型于2015年9月19日搭建完成,带模养护至2016年4月20日;模型试验于4月21日—5月16日进行。模型干燥的外界环境是秋、冬、春季,自然条件下无通风状态室内的温湿度环境,环境相对湿度大于40%,风速小于0.5 m/s,温度2~25 ℃,铺装后的三维材料物理模型实物如图5-20所示。

图5-20 三维相似材料物理模型实物

5.2.2 试验系统及传感器布置

本试验采用的拉曼分布式光纤温度传感系统、光纤光栅温度传感器、电磁式含水率传感器、热电偶与二维平面模型中使用的都是相同的,在此不再赘述。利用分布式光纤、光纤光栅温度传感器及热电偶监测物理模型干燥过程中的内部温度变化。模型中DTS测温光纤的铺设共分为5层,光纤光栅温度传感器(FBG)共15个,分别埋设在模型的不同高度处;热电偶作为光纤测温对照和误差分析,故只埋设了2支。为保证传感器在模型中准确埋设在指定位置,试验采用夯实成型、开孔埋入技术。

模型采用预埋式布置。在竖直 XOZ 平面,DTS分布式测温光纤共分5层布置,共埋设14个光纤光栅温度传感器(FBG)和3个热电偶,分别位于模型不同高度上,其布置位置如图5-21(a)所示。在竖直 YOZ 平面,分布式测温光纤共分5层布置,共埋设12个光纤光栅温度传感器(FBG)和5个热电偶,其布置位置如图5-21(b)所示。立体模型中传感器的现场埋设如图5-22所示。

利用电磁式含水率传感器测量相似物理模型干燥过程中内部体积含水率的变化。在5个水平 XOY 平面之中,每个水平面布置12个含水率传感器,传感器的布置位置如图5-23所示。电磁式含水率传感器(FDR)共60支,从物理模型侧面插入含水率传感器。由于模型材料内部温度受外界环境影响变化速率较快,故温度是每2 min测量一次;而模型材料内部含水率变化速度相对

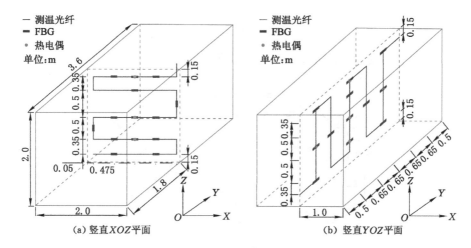

图 5-21 立体模型温度传感器布置

图 5-22 立体模型传感器铺装

较慢,故含水率是每 2 h 测量一次。

5.2.3 试验结果及分析

(1) 温度场分布特征

① 三维模型 XOZ 面温度场

三维模型铺装完第 28 天的 XOZ 面温度场分布特征如图 5-24(a)所示,温度等值线层间梯度约为 0.34 ℃,中间位置形成高温核区,且高温核区呈近似椭圆形,高温核区位于 1.1 m 处,中上部温度略高于中下部。同样是模型材料中石膏水化放热,模型内部中间位置处与周围环境的热交换较弱,放出的热量聚集,导致中间位置温度明显高于周围温度。此时的温度场分布特征与二维模型在干燥初期的温度场类似。

干燥 122 d 的温度场分布特征如图 5-24(b)所示,此时为 2016 年 1 月中

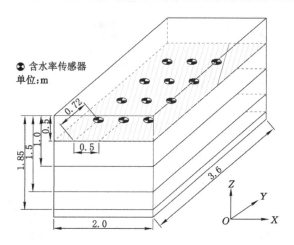

图 5-23　立体模型含水率传感布置

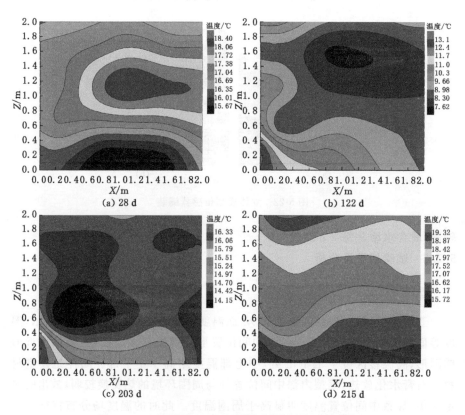

图 5-24　三维模型 *XOZ* 面实测重构温度场分布特征

旬,环境温度为10.6℃。模型四周温度高,中部偏右出现低温核区,温度由中心向模型四周边界逐渐升高,右上部温度略低于左下部,最低温度点位于1.5 m处附近,最大温度差为4.8℃左右。干燥203 d的温度场分布特征如图5-24(c)所示,环境温度为16.7℃,中部低温核区明显下移,并且温度向四周逐渐升高,最低温度点相较之前移动至0.8 m处。干燥215 d的温度场分布如图5-24(d)所示,此时为2016年4月,环境温度为19.5℃。由图可以看出,低温核区消失,形成自上而下逐渐降低的温度梯度分布。温度场水平方向各层温度趋于相等,垂直方向存在的温度梯度为0.45℃,但也趋于稳定。

② 三维模型 *YOZ* 面温度场

三维模型铺装完第25天的 *YOZ* 面温度场分布特征如图5-25(a)所示,温度等值线层间梯度约为0.36℃,中间位置形成高温核区,且高温核区呈近似椭圆形,最高温度点处于1.0 m处,中上部温度略高于中下部。此时的温度场分布特征与二维模型在干燥初期的温度场类似。

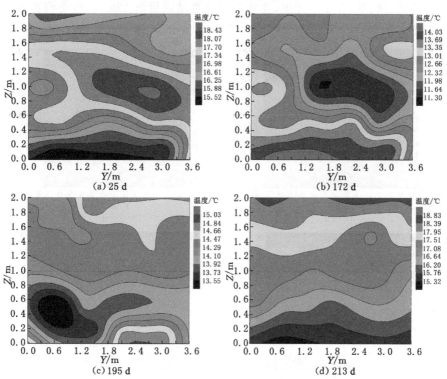

图5-25 三维模型 *YOZ* 面实测重构温度场分布特征

干燥172 d的温度场分布特征如图5-25(b)所示,此时为2016年3月,环境温度为 14.3 ℃。四周温度高,中部出现低温核区,且低温核区位于中部1.0 m 处,并且温度向四周逐渐升高。干燥 195 d 的温度场分布特征如图 5-25(c)所示,此时为 2016 年 4 月,环境温度为 15.5 ℃。四周温度高,中部出现低温核区,且低温核区向左下方移动,四周温度高于低温核区,最低温度点相较之前移动至 0.4 m 处。干燥 213 d 的温度场分布特征如图 5-25(d)所示,此时为 2016 年 5 月,环境温度为 19.2 ℃。温度分布呈水平方向各层温度趋于相等,竖直方向为上高下低的温度梯度分布特征,与平面模型冬季静风状态下的特征相似,分布相比之前更均匀。伴随着模型内部水分变化较快的蒸发面逐渐向下迁移,整个模型的含水率降低,热量传递的主要方式由水分蒸发潜热转变为固体颗粒导热,热传导在热量变化中起主要作用,竖直方向上逐渐形成明显的温度梯度分布特征,水平方向温度大致相同。

(2)水分场分布特征

依照上面的思路可得到该模型整体的最佳含水率是 3.6%。通过图 5-26可以得到:秋、冬、春季条件下,立体模型铺装结束后第 120 天,整个模型的干燥指数为 0;第 147 天,整个模型的干燥指数为 0.5;第 170 天,整个模型的干

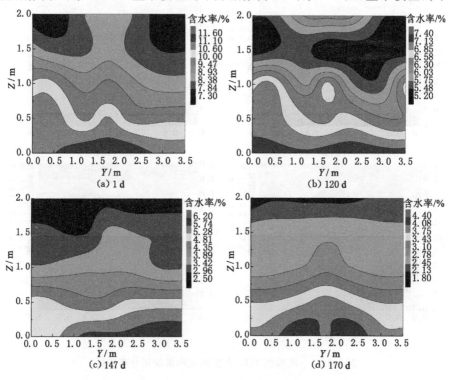

图 5-26　实测重构水分场分布特征

燥指数为 0.8。

图 5-26 直观地反映了秋、冬、春季无通风环境下模型材料干燥过程中水分场分布特征。从图中可以看出,模型铺装完毕第 1 天的水分场分布如图 5-26(a)所示。含水率分布呈现出分层的现象,同一高度的不同位置处的含水率大致相同且变化趋势一致,竖直方向从高到低含水率逐渐升高,含水率等值线层间梯度约为 0.5%,最高含水率位于 $Y=0.05$ m 高度处,含水率是 11.6%;最低含水率位于 $Y=2.0$ m 高度处,含水率是 7.3%。整个模型的水分不均匀度低于 4.3%。

水平方向含水率大致相同,而模型中间位置处含水率低于相同高度其他位置处,竖直方向从高到低含水率呈梯度变化,逐渐升高。这是由于模型材料的干燥主要包含两个物理过程:水分向空气中蒸发和水分在重力的影响下向下移动,由于整个模型只有上部与外界空气接触,在室内自然风的作用下,顶部的蒸发速率要比模型其他位置处的快。

模型铺装结束第 120 天的水分场分布特征如图 5-26(b)所示。整体规律与图 5-26(a)相同,含水率等值线层间梯度约为 0.27%,最高含水率位于 $Y=0$ m 处,含水率是 7.4%;最低含水率位于 $Y=2.0$ m 高度处,含水率是 5.2%。整个模型的水分不均匀度为 2.2%。

模型铺装结束第 147 天,整个模型的含水率等值线层间梯度约为 0.46%,最高含水率位于 $Y=0$ m 高度处,含水率是 6.2%;最低含水率位于 $Y=2.0$ m 高度处,含水率是 2.5%。整个模型的水分不均匀度为 3.7%。模型铺装结束第 170 天,整个模型的含水率等值线层间梯度约为 0.32%,最高含水率位于 $Y=0$ m 高度处,含水率是 4.4%;最低含水率位于 $Y=2.0$ m 高度处,含水率是 1.8%。整个模型的水分不均匀度为 2.6%。

水平方向 $Y=1.5$ m,竖直方向 Z 在 1.7 m、1.5 m、1.0 m、0.15 m 位置处的含水率随时间的变化曲线如图 5-27 所示。

最上部的模型材料最初含水率是 8.5%,经过 120 d 时含水率降到 5.35% 左右,经过 170 d 时含水率降到 2.41% 左右。含水率前期变化慢,平均干燥速率是 0.03%;中期干燥速率逐渐增加,平均干燥速率是 0.06%;后期干燥速率几乎为 0,含水率保持不变。

中部的模型材料最初含水率是 9.58%,经过 120 d 时含水率降到 6.5% 左右,经过 170 d 时含水率降到 3% 左右。含水率前期变化慢,平均干燥速率是 0.03%;中期干燥速率逐渐增加,平均干燥速率是 0.07%;后期干燥速率几乎为 0,含水率保持不变。

下部的模型材料最初含水率是 11.2%,经过 120 d 时含水率降到 7.05%

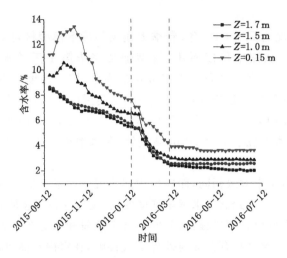

图 5-27　含水率随时间的变化曲线

左右,经过 170 d 时含水率降到 3.9% 左右。含水率前期变化慢,平均干燥速率是 0.03%,中期干燥速率逐渐增加,平均干燥速率是 0.06%;后期干燥速率几乎为 0,含水率保持不变;前期是从 0~120 d,此阶段下部干燥速率＝中部干燥速率＝上部干燥速率,这个阶段整体的干燥速率是 0.03%;中期是从 120~170 d,此阶段中部干燥速率＞下部干燥速率＝上部干燥速率,这个阶段整体的干燥速率是 0.06%~0.07%;后期是从 170~280 d,此阶段干燥速率几乎为 0。

　　对水平方向 $Y=1.5$ m,竖直方向 $Z=1.7$ m、1.5 m、1.0 m、0.15 m 处的含水率随时间的变化曲线做拟合处理,可得到函数式:

$$y = a + \frac{b-a}{1 + \exp(\frac{t-c}{d})} \tag{5-3}$$

式中　y——某一层位的含水率;

　　　　t——铺装后的天数;

　　　　a,b,c——与环境和高度相关的常数。

　　含水率随时间变化的拟合函数如图 5-28 所示。此函数能够较好地拟合模型材料随时间变化的干燥曲线,拟合系数都达到了 0.97 以上,通过此函数可以预测在秋、冬、春季静风环境下模型材料达到某一含水率所需的干燥时间。依据模型材料在不同含水率下与力学强度的对应关系,可预估使其达到设计力学强度所需的时间。

　　而且模型材料在干燥过程中,其干燥不均匀度在最开始铺装时是先增大

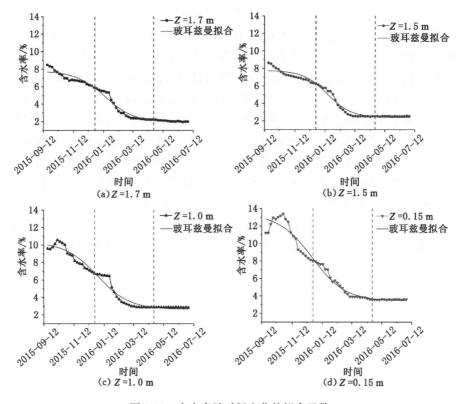

图 5-28　含水率随时间变化的拟合函数

后减小,最后达到稳定。如果要降低模型材料的干燥不均匀度,可以增加底部通风,提高模型材料的表面风速,使得从颗粒内部迁移出来的水分,能够及时迅速地被气体带出,从而降低底部模型材料间隙中的空气湿度,提高底部模型材料的干燥速率,减小各层模型材料的水分差异或干燥差异。

5.3　本 章 小 结

（1）提出了物理相似模型的干燥指数,用于评估物理模型铺装完成后的干燥程度。干燥指数是指模型材料由于干燥导致含水率降低,进而达到设计力学强度的面积占整个模型竖直面积的百分比,以此来确定模型干燥的完成程度,并确定当模型的干燥指数为 0.8 时,适合进行模型开挖试验。

（2）得到了平面模型在夏季通风、夏季静风、冬季静风条件以及立体模型在秋、冬、春季静风条件下含水率随时间的变化关系,分别进行推导拟合,拟合系数都大于 0.97。通过此函数可以预测在相应环境下模型材料干燥所需的时间(可用于对模型材料干燥过程中含水率的变化预测),依据模型材料在不同含水率下与力学强度的对应关系,可预估使其达到设计力学强度所需的时间,为解决由含水率因素导致材料力学强度不符合设计强度的问题,进而减小实型和模型的相似误差,为模型干燥时间的预测(确定)提供理论支撑。

(3) 得到了干燥过程中平面模型在夏季通风、夏季静风、冬季静风条件下以及立体模型的温度场变化特征和水分场变化特征;夏季通风和夏季静风状态下,温度场是先形成低温核心区,然后低温核心区下移,最后变成竖直方向梯度分布,水平方向大致相同的温度分布特征。立体模型和冬季静风状态下的平面模型,温度场是先形成高温核心区,再形成低温核心区,然后低温核心区下移,最后变成竖直方向梯度分布,水平方向大致相同的温度分布特征。水分场的特征是水平方向大致相同,竖直方向自上而下含水率逐渐升高,当模型附近有风流动时,对应位置由于水分蒸发速率提高,导致此处形成局部低含水率区。

6 相似材料热湿耦合模型验证

6.1 相似材料热湿耦合过程的数值计算模型

6.1.1 模型的几何结构

物理相似模型尺寸结构有两种,分别为长×宽×高＝3.0 m×0.2 m×1.2 m,长×宽×高＝3.6 m×2.0 m×2.0 m。本研究采用后一种尺寸结构的相似模型,如图 6-1(a)所示;采用三维模型,建立其几何区域,并采用四面体网格进行网格划分,边界处进行网格加密,如图 6-1(b)所示。

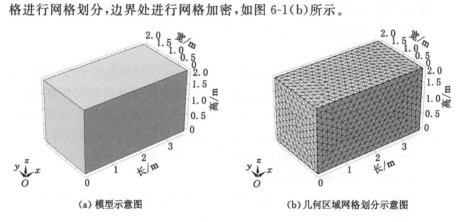

(a) 模型示意图　　　　　　　　　　　　(b)几何区域网格划分示意图

图 6-1　数值模拟建模

6.1.2 基本假设

多孔介质相似模型材料内的热、空气、湿同时传递可以通过一组相互耦合的偏微分方程组来描述。由于相似模型材料体的高度与宽度比其厚度大得多,相似模型材料体内的传热传质过程可以认为是一维的。本书在 Kunzel 的研究基础上,通过考虑空气渗透机理,以室内环境条件作为边界条件,根据质量守恒定律和能量守恒定律,建立了一个以温度、相对湿度和空气压力为驱动势的模型材料非稳态热、空气、湿耦合传递模型。在推导模型时进行如下假设:

(1) 相似模型材料为均匀且各向同性的连续介质,固体骨架不发生形变;

(2) 不考虑结冰/融化过程的影响,孔隙内只有气、液两相;

(3) 孔隙内的湿空气按理想气体处理;

(4) 多相物质之间不发生化学反应;

(5) 忽略温度对相似模型材料平衡含湿量的影响;

(6) 不考虑材料吸、放湿特性之间滞后效应的影响;

(7) 忽略重力作用下渗透水流的影响;

(8) 对于模型材料,不考虑材料交界面处接触热、湿阻力的影响;

(9) 材料中始终存在局部热、湿平衡;

(10) 孔隙中空气流速低,压力低,温度变化不大,所以空气可以当作不可压缩气体。

6.1.3 控制方程

为了避免驱动势在交界面处的不连续,本书采用连续状态变量相对湿度作为湿驱动势,根据质量守恒、能量守恒与动量守恒等守恒定律建立模型材料非稳态热、空气、湿耦合传递模型。

(1) 湿控制方程

建立相似模型材料热、空气、湿耦合模型的一个关键问题在于如何计算多孔介质材料内的湿传递,包括湿传递驱动势的选择以及如何确定传递参数。虽然多孔介质内的气液两相湿流动不能严格地分为蒸汽流和液态水流动,但计算多孔介质内湿流量的一个有效方法是将湿流量分为蒸汽扩散与液态水传递两部分来计算。本书所考虑的湿传递机理为以扩散和对流形式的水蒸气传递以及在毛细压力作用下的液态水传递。

由于相似模型材料体为各向同性的连续多孔介质,根据单元体质量守恒定律可得:

$$\frac{\partial \omega}{\partial t} = -\nabla(J_v + J_l) \tag{6-1}$$

式中　ω——体积含湿量,kg/m^3;

　　　t——时间,s;

　　　J_v——水蒸气传递速率,$kg/(m^2 \cdot s)$;

　　　J_l——液态水传递速率,$kg/(m^2 \cdot s)$。

水蒸气传递速率分为扩散部分速率($J_{v,d}$)和对流部分速率($J_{v,c}$),即

$$J_v = J_{v,d} + J_{v,c} \tag{6-2}$$

水蒸气扩散可以表示成 Fick 定律的形式,即传递系数乘以状态变量的梯度,如下式所列:

$$J_{v,d} = -\delta_v \nabla P_v \tag{6-3}$$

式中,δ_v 为水蒸气渗透系数,kg/(m·s·Pa);方程右边的负号表示水蒸气的扩散方向与水蒸气分压力梯度(∇P_v)方向相反。

水蒸气对流部分传递速率是由于多孔介质内水蒸气随空气流动而发生的迁移,即

$$J_{v,c} = J_a x_a \tag{6-4}$$

式中　J_a——多孔介质孔隙内空气的传递速率,kg/(m²·s);

　　　x_a——空气的含湿量,kg/kg。

将式(6-3)和式(6-4)代入式(6-2)可得到水蒸气传递速率的表达式:

$$J_v = -\delta_v \nabla P_v + J_a x_a \tag{6-5}$$

根据 Darcy 定律,液态水的传递速率可表示为:

$$J_l = K_l \nabla P_c \tag{6-6}$$

式中　K_l——液态水渗透率,kg/(m·s·Pa);

　　　∇P_c——毛细水压力梯度,Pa。

将式(6-5)和式(6-6)代入式(6-1)得:

$$\frac{\partial \omega}{\partial t} = \nabla(\delta_v \nabla P_v - J_a x_a - K_l \nabla P_c) \tag{6-7}$$

含湿量是温度和相对湿度的函数,即

$$\omega = f(H, T) \tag{6-8}$$

将式(6-8)两边同时对时间 t 求偏导得:

$$\frac{\partial \omega}{\partial t} = \frac{\partial \omega}{\partial H}\frac{\partial H}{\partial t} + \frac{\partial \omega}{\partial T}\frac{\partial T}{\partial t} \tag{6-9}$$

基于假设,忽略温度对模型材料平衡含湿量的影响,从而有:

$$\frac{\partial \omega}{\partial T} = 0 \tag{6-10}$$

将式(6-10)代入式(6-9),则式(6-9)可简化为:

$$\frac{\partial \omega}{\partial t} = \frac{\partial \omega}{\partial H}\frac{\partial H}{\partial t} = \zeta \frac{\partial H}{\partial t} \tag{6-11}$$

式中　ζ——等温吸、放湿曲线的斜率,kg/m³。

根据式(6-1)得:

$$P_v = H \times P_{sat} \tag{6-12}$$

对式(6-12)两边同时求导得:

$$\nabla P_{\mathrm v} = P_{\mathrm{sat}}\,\nabla H + H\,\nabla P_{\mathrm{sat}} \tag{6-13}$$

由于饱和蒸汽压力 P_{sat} 为温度的单值函数,即

$$\nabla P_{\mathrm{sat}} = \frac{\mathrm{d}P_{\mathrm{sat}}}{\mathrm{d}T}\,\nabla T \tag{6-14}$$

将式(6-14)代入式(6-13),则水蒸气分压力梯度可表示为:

$$\nabla P_{\mathrm v} = P_{\mathrm{sat}}\,\nabla H + H\frac{\mathrm{d}P_{\mathrm{sat}}}{\mathrm{d}T}\,\nabla T \tag{6-15}$$

空气的含湿量可以表示为水蒸气分压力的函数:

$$x_{\mathrm a} = 6.2\times10^{-6}P_{\mathrm v} = 6.2\times10^{-6}HP_{\mathrm{sat}} \tag{6-16}$$

根据开尔文关系式:

$$P_{\mathrm c} = -\rho_{\mathrm l}R_{\mathrm D}T\ln H \tag{6-17}$$

对式(6-17)两边同时求导得:

$$\nabla P_{\mathrm c} = -\rho_{\mathrm l}R_{\mathrm D}\left(\ln H\,\nabla T + \frac{T}{\varphi}\,\nabla H\right) \tag{6-18}$$

将式(6-11)、式(6-15)、式(6-16)和式(6-18)代入式(6-7)得:

$$\zeta\frac{\partial H}{\partial t} = \nabla\left[\left(\delta_{\mathrm v}H\frac{\mathrm{d}P_{\mathrm{sat}}}{\mathrm{d}T} + K_1\rho_{\mathrm l}R_{\mathrm D}\ln H\right)\nabla T + \left(\delta_{\mathrm v}P_{\mathrm{sat}} + K_1\rho_{\mathrm l}R_{\mathrm D}\frac{T}{H}\right)\nabla H\right]$$
$$- 6.2\times10^{-6}\,\nabla(J_{\mathrm a}HP_{\mathrm{sat}}) \tag{6-19}$$

式(6-19)为湿控制方程,从此方程可看出,湿组分的变化是由相对湿度梯度、温度梯度和空气渗透共同作用而引起的。式中,ζ 为等温吸放湿曲线的斜率,kg/m^3;$\delta_{\mathrm v}$ 为水蒸气渗透系数,$kg/(m\cdot s\cdot Pa)$;P_{sat} 为饱和蒸汽压力;K_1 为液态水渗透率,$kg/(m\cdot s\cdot Pa)$;$J_{\mathrm a}$ 为多孔介质孔隙内空气的流速,$kg/(m^2\cdot s)$;$\rho_{\mathrm l}$ 为液态水密度 kg/m^3;$R_{\mathrm D}$ 为多孔介质孔隙最大半径,m。

(2) 热控制方程

根据单元体能量守恒定律,控制单元内焓的变化等于流入控制单元的净能量。则能量守恒方程可表示为:

$$\frac{\partial}{\partial t}(p_{\mathrm m}c_{p,\mathrm m}T + h_{\mathrm v}\omega_{\mathrm v} + h_{\mathrm l}\omega_{\mathrm l}) = -\nabla(q + h_{\mathrm v}J_{\mathrm v} + h_{\mathrm l}J_{\mathrm l} + h_{\mathrm a}J_{\mathrm a}) \tag{6-20}$$

式中　$p_{\mathrm m}$——干材料的密度,kg/m^3;

$c_{p,\mathrm m}$——干材料的比热容,$J/(kg\cdot K)$;

$\omega_{\mathrm v}$——水蒸气形式的含湿量,kg/m^3;

$\omega_{\mathrm l}$——液态水形式的含湿量,kg/m^3;

$h_{\mathrm v}$——水蒸气的比焓,J/kg;

$h_{\mathrm l}$——液态水的比焓,J/kg;

$h_{\mathrm a}$——空气的比焓,J/kg;

q ——导热热流密度，W/m^2。

在给定温度下水蒸气的比焓可以表示为液态水的比焓与汽化潜热之和：

$$h_v = h_1 + h_{1v} \qquad (6\text{-}21)$$

式中 h_{1v} ——水蒸气的汽化潜热，J/kg。

将式(6-21)代入式(6-20)，整理得：

$$\frac{\partial}{\partial t}\big[p_m c_{p,m} T + h_1(\omega_v + \omega_1) + h_{1v}\omega_v\big] = -\nabla\big[q + h_1(J_v + J_1) + h_{1v}J_v + h_a J_a\big] \qquad (6\text{-}22)$$

液态水和空气的比焓可以分别表示为：

$$h_1 = c_{p,1} T \qquad (6\text{-}23)$$

$$h_a = c_{p,a} T \qquad (6\text{-}24)$$

式中 $c_{p,1}$ ——液态水的比热容，$T/(kg \cdot K)$；

$c_{p,a}$ ——空气的比热容，$T/(kg \cdot K)$。

含湿量可分为水蒸气形式的含湿量和液态水形式的含湿量，即

$$\omega = \omega_v + \omega_1 \qquad (6\text{-}25)$$

假设水蒸气汽化潜热和干材料、空气与液态水的比热容为常数，将式(6-23)、式(6-24)、式(6-25)代入式(6-22)，整理得：

$$(p_m c_{p,m} + \omega c_{p,1})\frac{\partial T}{\partial t} = -\nabla(q + h_{1v}J_v + c_{p,a}J_a T) - h_1\frac{\partial \omega}{\partial t} - h_1 \nabla(J_v + J_1)$$
$$- (J_v + J_1)c_{p,1}\nabla T - h_{1v}\frac{\partial \omega_v}{\partial t} \qquad (6\text{-}26)$$

将式(6-1)代入式(6-26)得：

$$(\rho_m c_{p,m} + \omega c_{p,1})\frac{\partial T}{\partial t} = -\nabla(q + h_{1v}J_v + c_{p,a}J_a T) - (J_v + J_1)c_{p,1}\nabla T - h_{1v}\frac{\partial \omega_v}{\partial t} \qquad (6\text{-}27)$$

与水蒸气汽化潜热相比，水蒸气和液态水的显热可以忽略不计，故式(6-27)右边第二项可以忽略。尽管水蒸气的汽化潜热很大，但由于水蒸气传递速率小，水蒸气的含湿量变化率非常小，故式(6-27)右边第三项也可以忽略不计，则式(6-27)可简化为：

$$(\rho_m c_{p,m} + \omega c_{p,1})\frac{\partial T}{\partial t} = -\nabla(q + h_{1v}J_v + c_{p,a}J_a T) \qquad (6\text{-}28)$$

导热热流密度可以通过 Fourier 定律来表示：

$$q = -\lambda \nabla T \qquad (6\text{-}29)$$

式中 λ ——导热系数，$W/(m \cdot K)$。

方程式(6-29)右边的负号表明热流密度方向与温度梯度方向相反。

将式(6-5)和式(6-29)代入式(6-28),整理得:

$$C\frac{\partial T}{\partial t} = \nabla(\lambda \nabla T) + h_{lv}\nabla(\delta_v \nabla P_v) - \nabla(c_{p,a}J_a T + h_{lv}J_a x_a) \quad (6\text{-}30)$$

式中,$C = \rho_m c_{p,m} + \omega c_{p,1}$。

将式(6-15)和式(6-16)代入式(6-30)可得:

$$C\frac{\partial T}{\partial t} = \nabla\left[\left(\lambda + h_{lv}\delta_v H\frac{dP_{sat}}{dT}\right)\nabla T + h_{lv}\delta_v P_{sat}\nabla H\right]$$
$$- \nabla(c_{p,a}J_a T + 6.2\times10^{-6}h_{lv}J_a HP_{sat}) \quad (6\text{-}31)$$

式中　λ ——导热系数,W/(m・K);

δ_v ——水蒸气渗透系数,kg/(m・s・Pa);

P_{sat} ——饱和蒸汽压力,Pa;

$c_{p,a}$ ——空气的比热容,T/(kg・K);

J_a ——多孔介质孔隙内空气的流速,kg/(m²・s);

h_{lv} ——水蒸气的汽化潜热,J/kg。

式(6-31)即模型中的热传递控制方程。从此方程可看出,温度的变化是由温度梯度、相对湿度梯度和空气渗透共同作用而引起的。

(3) 空气流动方程

根据泊肃叶定律,通过多孔介质模型内的空气流速可表述为:

$$J_a = -k_a \nabla P_a \quad (6\text{-}32)$$

式中　k_a ——多孔介质材料中空气的渗透率,kg/(m・s・Pa),其物理意义为沿流动方向,空气流动速率与压力梯度的比值;

P_a ——空气压力,Pa。

根据连续性方程:

$$\frac{\partial(\rho_a \varepsilon)}{\partial t} = -\nabla(-k_a \nabla P_a) \quad (6\text{-}33)$$

式中　ρ_a ——空气的密度,kg/m³;

ε ——材料的孔隙率;

∇P_a ——空气压力梯度,Pa。

在建筑物理应用领域,空气由于流速低,压力低,温度变化不大,可以当作不可压缩气体考虑,所以连续性方程式(6-33)可以简化为:

$$\nabla(k_a \nabla P_a) = 0 \quad (6\text{-}34)$$

联合式(6-32)和式(6-34)得:

$$\begin{cases} J_a = -k_a \nabla P_a \\ \nabla(k_a \nabla P_a) = 0 \end{cases} \quad (6\text{-}35)$$

式(6-35)即模型中的空气流动方程。

模型热、空气、湿耦合传递现象的守恒方程总结如下：

① 湿控制方程如式(6-19)所列；

② 热控制方程如式(6-31)所列；

③ 空气流动方程，如式(6-35)所列。

6.1.4　边界条件

模型材料内表面与室内空气之间的热湿交换发生在近表面处的一薄层内，而由室内空气湿度变化引起的传湿过程主要表现为模型材料内表面材料的吸放湿过程，其热湿交换机理复杂。湿组分传递过程伴随着热量的传递，即使在等温过程中也同样有热量的传递，在湿组分迁移过程中，同时将它本身所具有的焓值带走，因此，在传质过程中产生热量的传递。影响内表面温湿度的因素有很多，既受通过模型材料热湿传递到达表面上的热湿流作用，又受室内空气热湿状态的影响。

（1）传湿过程分析-湿交换界面

模型材料表面的吸放湿过程是一个动态过程，当室内空气湿度较高时，可以吸收空气中的水蒸气；当室内空气湿度较低时，又会将其内部的水分释放到空气中。一般来说，模型材料表面与室内空气之间的湿交换发生在近壁面的一薄层内。

当模型材料内表面的水蒸气与室内空气中的水蒸气存在密度差时，该密度梯度即水蒸气迁移的驱动力。水蒸气迁移量如下式所列：

$$J_v = -D_v \nabla \rho_v \tag{6-36}$$

水蒸气的扩散系数比较小，因此只有当模型材料内表面水蒸气浓度与室内空气中水蒸气浓度相差较大时，才产生明显的湿组分传递。

模型材料内表面吸放湿模型由下式表列：

$$\left(-D_\varphi \frac{\partial H}{\partial x} - D_T \frac{\partial T}{\partial x} \right) \Big|_{x=0} = h_{m0} \left(\rho_{v,x=0} - \rho_{v,0} \right) \tag{6-37}$$

模型材料表面水蒸气密度通过对模型材料传湿模型进行计算获得，以室内空气的湿度条件分别作为计算的内外边界，该方法既考虑了由于对流扩散引起的室内空气的湿交换，又考虑了含湿量较高的模型材料干燥过程中向外部空间的散湿。以往的湿度边界模型将湿交换限制在模型材料表层极薄的一薄层内，或者用经验公式来表示内表面的吸放湿量。

（2）传热过程分析-热交换界面

模型材料内表面与周围环境之间的换热量主要由对流换热、辐射换热和水蒸气吸放湿潜热组成。由温度梯度引起的对流换热和壁面之间的辐射换热属于显热交换,由湿组分迁移引起的相变换热属于潜热交换。

对流换热量:

$$q_{c,x=0} = h_c(T_{x=0} - T_0) \tag{6-38}$$

辐射换热量:

$$q_{r,x=0} = \sum_{j=1}^{n} h_{r,j}(T_{x=0} - T_n) \tag{6-39}$$

当模型材料表面吸收水蒸气时释放潜热,该潜热可对表面起加热作用;当模型材料表面释放水蒸气时,可从表面带走热量。

模型材料内表面水蒸气迁移量:

$$m_{v,x=0} = h_{m0}(\rho_{v,x=0} - \rho_{v,0}) \tag{6-40}$$

因此,潜热换热量为:

$$q_{l,x=0} = L(T)m_{v,x=0} = L(T)h_{m0}(\rho_{v,x=0} - \rho_{v,0}) \tag{6-41}$$

式中,$L(T)$ 为潜热,与温度 T 有关。

内表面吸放热模型如下:

$$-\left[\lambda_{eff}\frac{\partial T}{\partial x} + L(T)\delta_v P_{v,sat}\frac{\partial H}{\partial x}\right]\Big|_{x=0} = q_{c,x=0} + q_{r,x=0} + q_{l,x=0}$$

$$= h_{c0}(T_{x=0} - T_0) + \sum_{j=1}^{n} h_{r,j}(T_{x=0} - T_n) + L(T)h_{m0}(\rho_{v,x=0} - \rho_{v,0})$$

$$\tag{6-42}$$

6.1.5 模型材料多场耦合数学模型求解方法

由于不能得到精确的解析解,只能通过数值计算来求得方程组的数值解。数值计算的方法也有很多,包括有限元方法、有限体积方法、有限差分方法、边界元方法等。每种方法都各有优势,但有限元法在对连续介质的数值求解和非线性求解方面具有较大优势。该方法采用矩阵形式表达,便于计算机求解,在处理非线性问题、各向异性问题、多物理场等问题时,也非常可靠。因此,本书选择有限元法来求解数学模型。

有限元方法的基础是变分原理和加权余量法,其基本求解思想是把计算域划分为有限个互不重叠的单元,在每个单元内,选择一些合适的节点作为求解函数的插值点,将微分方程中的变量改写成由各变量或其导数的节点值与所选用的插值函数组成的线性表达式,借助于变分原理或加权余量法,将微分方程离散求解。

本书建立的模型材料湿热传递的数学模型,涉及热量传递、质量传递、流体流动等领域,其控制方程也是非线性、强耦合的,故选用在多物理场求解方面的专业有限元分析软件 COMSOL Multiphysics 对建立的数学模型进行求解。

有限元分析软件 COMSOL Multiphysics 适用于模拟科学和工程领域的各种物理过程,可实现多个物理场的直接耦合和数值计算,其中的定义模式自由度比较高,源项以及边界条件等可以是常数、任意变量的函数、逻辑表达式,或者直接是一个代表实测数据的插值函数等。同时,用户可以自主选择需要的物理场并定义它们之间的相互关系,也可以输入自定义的偏微分方程(PDEs),并指定它与其他方程或物理场之间的关系,实现多物理场之间的耦合。

目前该软件已经在多孔介质、化学反应、流体和模态动力学、能量转换、地球科学、热传导、结构变形及力学等方面得到了广泛的应用,并且在煤层气、油气开采等学科领域有了较多的应用,与实际测量结果相比,得到其能够较好地模拟多物理场耦合问题。在对模型材料干燥过程的研究中,模型材料可看作是一种特殊的多孔介质,其湿热传递过程是一个温度、湿度、外界环境等多个物理场相互耦合的过程,可以借助该软件强大的耦合功能进行快速求解。

本书根据已建立的湿热传递数学模型,在 COMSOL Multiphysics 软件里建立物理相似模型的几何模型,利用推导的湿热耦合模型并借助 COMSOL Multiphysics 软件自有的 PDE 方程来建立模型材料内湿热传递的偏微分方程组,并可自行定义各个方程之间的耦合项,设定模型的初始条件和边界条件以及合理的时间步长和网格尺寸,选用合适的数值求解器,即可对已建立的数学模型进行求解,分析不同季节和有无通风条件下,干燥过程中模型材料的温度场和水分场分布特征,探寻其规律和预测模型材料温度场和水分场的变化。

6.2 夏季静风干燥模型的数值模拟验证及分析

6.2.1 温度场分布特征数值计算结果

夏季静风干燥模型不同阶段的温度场特征模拟图如图 6-2 所示,深色的位置表示相对高温的区域,浅色的位置表示相对低温的区域,模拟得到的图像反映了干燥过程中模型温度场的分布变化规律。

干燥初期,温度分布特征为模型四周温度高,中部形成低温核区,且低温核区为一个类椭圆形,模拟的最高温度点处于 0.7 m 处,温度由中心向模型上下两边界逐渐升高。

干燥中后期,中部低温核区增大并且向右下部移动,并最终由于模型内部水分逐渐减少,伴随着蒸发过程的减弱,热量传递转为以固体颗粒导热为主,热传导在热量变化中起主要作用,竖直方向上逐渐形成明显的温度梯度分布,

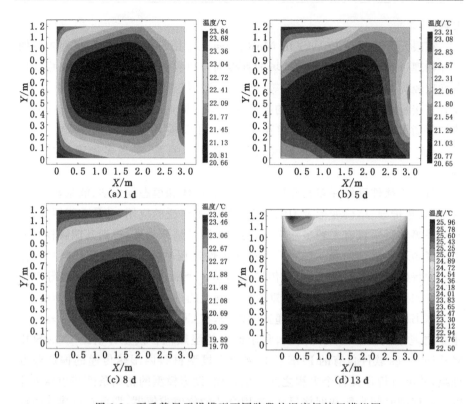

图 6-2　夏季静风干燥模型不同阶段的温度场特征模拟图

水平方向温度大致相同。

　　第 1 天的温度场特征模拟图如图 6-2(a)所示，温度范围是 20.66～23.84 ℃，温度不均匀度为 3.18 ℃，温度等值线层间梯度约为 0.32 ℃，最低温度位于 $Y=0.7$ m 高度处；第 5 天的温度场特征模拟图如图 6-2(b)所示，温度范围是 20.65～23.21 ℃，温度不均匀度为 2.56 ℃，温度等值线层间梯度约为 0.26 ℃，最低温度位于 $Y=0.4$ m 高度处；第 8 天的温度场特征模拟图如图 6-2(c)所示，温度范围是 19.70～23.66 ℃，温度不均匀度为 3.96 ℃，温度等值线层间梯度约为 0.26 ℃，最低温度位于 $Y=0.1$ m 高度处；第 13 天的温度场特征模拟图如图 6-2(d)所示，温度范围是 22.50～25.96 ℃，温度不均匀度为 3.46 ℃，温度等值线层间梯度约为 0.18 ℃，最低温度位于 $Y=0$ m 高度处。由这些模拟数据可知，最低温度点一直向下移动。

6.2.2　水分场分布特征数值计算结果

　　含水率分布呈现出分层的现象，同一高度的不同位置处的含水率大致相同，竖直方向从高到低梯度分布，含水率逐渐升高，且整体变化趋势一致。与实测重构图对比可知,模型材料含水率场总体分布的趋势是相同的。在顶部位置处由于干燥剧烈导致形成了含水率较低的区域。

第 1 天的水分场分布特征模拟图如图 6-3(a)所示,含水率范围是 3.41%～7.58%,水分不均匀度为 4.17%;第 4 天的水分场分布特征模拟图如图 6-3(b)所示,含水率范围是 2.62%～6.71%,水分不均匀度为 4.09%;第 9 天的水分场分布特征模拟图如图 6-3(c)所示,含水率范围是 2.18%～4.84%,水分不均匀度为 2.66%;第 17 天的水分场分布特征模拟图如图 6-3(d)所示,含水率范围是 2.17%～4.28%,水分不均匀度为 2.11%。

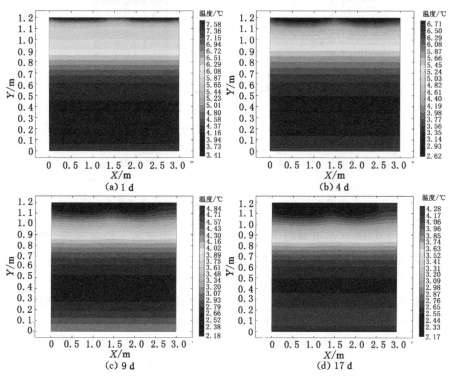

图 6-3 夏季静风干燥模型不同阶段水分场分布特征模拟图

根据推导的热湿耦合公式,利用 COMSOL Multiphysics 多场耦合计算软件得到的模拟结果与实测结果对比如图 6-4 所示,上部的模型材料最初含水率是 5.84%,经过 9 d 时含水率降到 2.93%左右,经过 15 d 时含水率降到 2.50% 左右,含水率前期变化快,干燥速率大致相同,平均干燥速率是 0.32%;中期干燥速率逐渐减小,平均干燥速率是 0.07%;后期干燥速率进一步减小,平均干燥速率是 0.04%。中部的模型材料最初含水率是 6.93%,经过 9 d 时含水率降到 3.66％左右,经过 15 d 时含水率降到 3.16％左右,含水率前期变化快,干燥速率大致相同,平均干燥速率是 0.36％;中期干燥速率逐渐减小,平均干燥速率是 0.08％;后期干燥速率进一步减小,平均干燥速率是 0.05％。下部的模型材料最初含水率是 7.47％,经过 9 d 时含水率降到 4.11％左右,经过 15 d 时含水率降到 3.58％左右,含水率前期变化快,干燥速率大致相同,平均干燥速率是 0.37％;中期干燥速率逐渐减小,平均干燥速率是 0.09％;后期干燥速率进一步减小,平均干燥速率是 0.05％。

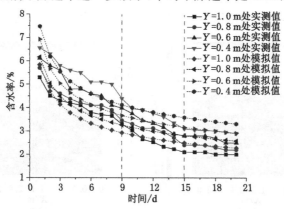

图 6-4   夏季静风干燥模型含水率随时间变化的模拟值和实测值对比

前期是从 1～9 d,此阶段下部的干燥速率＞中部的干燥速率＞上部的干燥速率,这个阶段整体的平均干燥速率是 0.35％;中期是从 9～15 d,此阶段下部的干燥速率＞上部的干燥速率＞中部的干燥速率,这个阶段整体的平均干燥速率是 0.08％;后期是从 15 d 之后,此阶段下部的干燥速率＝中部的干燥速率＞上部的干燥速率,这个阶段整体的平均干燥速率是 0.05％。

对于 $Y=0.4$ m 处,在第 1 天和第 12～20 天的时候,模拟值都要大于实测值,而在第 2～11 天的时候,模拟值都要小于实测值。两者的最大偏差在第 1 d,模拟值和实测值的偏差是 14％。对于 $Y=0.6$ m 处,在第 1～2 天和第 11～20 天的时候,模拟值都要大于实测值,而在后期第 3～10 天的时候,模拟值都要小于实测值。两者的最大偏差在第 8 天,模拟值和实测值的偏差是 13％。对于 $Y=0.8$ m 处,在第 1～2 天和第 14～20 天的时候,模拟值都要大于实测值,而在第 3～13 天的时候,模拟值都要小于实测值。两者的最大偏差在第 7 天,模拟值和实测值的偏差是 14.5％。对于 $Y=1.0$ m 处,在第 3～10 天的时候,模拟值都要小于实测值,而在第 1～2 天和第 11～20 天的时候,模拟值都要大于实测值。两者的最大偏差在第 8 天,模拟值和实测值的偏差是16.7%。在对比分析选取点的模拟值和实测值对比上，经过分析，两者的最大偏差是16.7%。

整个模型前期的干燥速率模拟结果大于试验结果，中期的干燥速率模拟结果小于试验结果，但整体的变化趋势是试验结果与模拟结果基本吻合。这可能是因为理论模型中在前期把蒸发对模型材料含水率的影响考虑过大，导致干燥速率的模拟值要大于实测值；而在干燥中期理论模型中水分下移对整个模型材料干燥的影响预估不足，导致干燥速率的模拟值要小于实测值。

6.3　夏季通风干燥模型的数值模拟验证及分析

6.3.1　温度场分布特征数值计算结果

夏季通风干燥模型不同阶段的温度场特征模拟图如图 6-5 所示，深色的位置表示相对高温的区域，浅色的位置表示相对低温的区域，模拟得到的图像反映了干燥过程中模型温度场的分布变化规律。

干燥初期，温度分布特征为模型四周温度高，通风位置和顶部形成低温核区，低温核区为一个类椭圆形，模拟的最高温度点处于 0.9 m 处，温度由中心向四周逐渐升高。干燥中后期，中部低温核区增大并且向下部移动，由于左上角有外界通风的影响，导致此位置处的水分蒸发速率提高，水分蒸发吸热导致此处是整个模型中最低温度处，竖直方向上逐渐形成明显的温度梯度分布，水平方向温度大致相同，呈水平方向各层温度趋于相等，竖直方向为上高下低的温度梯度分布特征。

第 1 天的温度场特征模拟图如图 6-5(a)所示，温度范围是 17.91～21.55 ℃，温度不均匀度为 3.71 ℃，温度等值线层间梯度约为 0.19 ℃，最低温度位于 $Y=0.9$ m 高度处；第 5 天的温度场特征模拟图如图 6-5(b)所示，温度范围是 19.55～23.26 ℃，温度不均匀度为 3.71 ℃，温度等值线层间梯度约为 0.19 ℃，最高温度位于 $Y=1.2$ m 高度处；第 12 天的温度场特征模拟图如图 6-5(c)所示，温度范围是 21.00～24.76 ℃，温度不均匀度为 3.76 ℃，温度等值线层间梯度约为 0.2 ℃。第 15 天的温度场特征模拟图如图 6-5(d)所示，温度范围是 20.24～24.12 ℃，温度不均匀度为 3.88 ℃，温度等值线层间梯度约为 0.2 ℃。由这些模拟数据可知，最低温度点共有两个：一个位于通风位置处；另一个随着水分向下迁移的过程中，一直向下移动，最终降到模型底部。

6.3.2　水分场分布特征数值计算结果

含水率分布呈现出分层的现象，同一高度的不同位置处的含水率大致相同，竖直方向从高到低梯度分布，含水率逐渐升高，且整体变化趋势一致。与

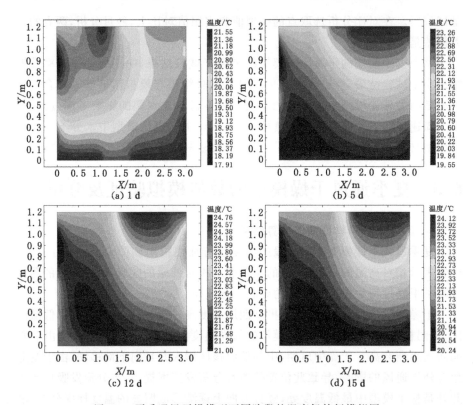

图 6-5　夏季通风干燥模型不同阶段的温度场特征模拟图

实测重构图对比可知,模型材料含水率场总体分布的趋势是相同的。在顶部位置处由于干燥剧烈导致形成了含水率较低的区域。

第 2 天的水分场分布特征模拟图如图 6-6(a)所示,含水率范围是 4.23%～7.87%,水分不均匀度为 3.64%;第 4 天的水分场分布特征模拟图如图 6-6(b)所示,含水率范围是 1.21%～3.76%,水分不均匀度为 4.09%;第 9 天的水分场分布特征模拟图如图 6-6(c)所示,含水率范围是 1.39%～3.84%,水分不均匀度为 2.45%;第 11 天的水分场分布特征模拟图如图 6-6(d)所示,含水率范围是 1.52%～3.89%,水分不均匀度为 2.37%。

根据推导的热湿耦合公式,利用 COMSOL Multiphysics 多场耦合计算软件得到的模拟结果与实测结果对比如图 6-7 所示,上部的模型材料最初含水率是 6.58%,经过 6 d 时含水率降到 3.63% 左右,经过 11 d 时含水率降到 2.97% 左右,含水率前期变化快,干燥速率大致相同,平均干燥速率是 0.49%;中期干燥速率逐渐减小,平均干燥速率是 0.13%;后期干燥速率进一步减小,平均干燥速率是 0.08%。中部的模型材料最初含水率是 7.59%,经过 6 d 时

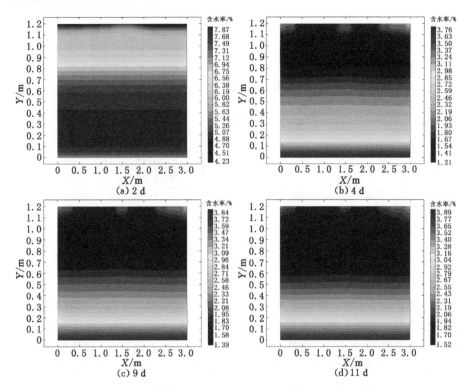

图 6-6 夏季通风干燥模型不同阶段水分场分布特征模拟图

含水率降到 4.44% 左右,经过 11 d 时含水率降到 3.71% 左右,含水率前期变化快,干燥速率大致相同,平均干燥速率是 0.52%;中期干燥速率逐渐减小,平均干燥速率是 0.15%;后期干燥速率进一步减小,平均干燥速率是 0.09%。下部的模型材料最初含水率是 8.17%,经过 6 d 时含水率降到 4.90% 左右,经过 11 d 时含水率降到 4.12% 左右,含水率前期变化快,干燥速率大致相同,平均干燥速率是 0.55%;中期干燥速率逐渐减小,平均干燥速率是 0.16%;后期干燥速率进一步减小,平均干燥速率是 0.09%。

前期是从 1~6 d,此阶段下部的干燥速率>中部的干燥速率>上部的干燥速率,这个阶段整体的平均干燥速率是 0.52%;中期是从 7~11 d,此阶段下部的干燥速率>上部的干燥速率>中部的干燥速率,这个阶段整体的平均干燥速率是 0.15%;后期是从 11 d 之后,此阶段下部的干燥速率=中部的干燥速率>上部的干燥速率,这个阶段整体的平均干燥速率是 0.08%。

对于 $Y=0.4$ m 处,在第 1 天和第 11~14 天的时候,模拟值都要大于实测值,而在第 2~9 天的时候,模拟值都要小于实测值。两者的最大偏差在第

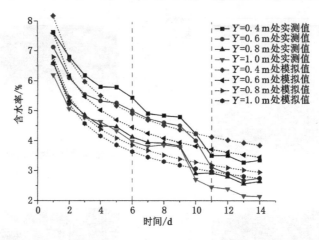

图 6-7　夏季通风干燥模型含水率随时间变化的模拟值和实测值对比

13 天,模拟值和实测值的偏差是 20%。对于 $Y=0.6$ m 处,在第 1～2 天和第 11～14 天的时候,模拟值都要大于实测值,而在后期第 3～10 天的时候,模拟值都要小于实测值。两者的最大偏差在第 13 天,模拟值和实测值的偏差是 23%。对于 $Y=0.8$ m 处,在第 1～2 天和第 10～14 天的时候,模拟值都要大于实测值,而在第 3～10 天的时候,模拟值都要小于实测值。两者的最大偏差在第 13 天,模拟值和实测值的偏差是 18%。对于 $Y=1.0$ m 处,在第 3～10 天的时候,模拟值都要小于实测值,而在第 1～2 天和第 11～20 天的时候,模拟值都要大于实测值。两者的最大偏差在第 13 天,模拟值和实测值的偏差是 20.1%。在对比分析选取点的模拟值和实测值后可得,两者的最大偏差是 23%。整个模型前期模拟结果的干燥速率(0.52%/d)大于试验结果的干燥速率(0.15%/d),中期模拟结果的干燥速率(0.15%/d)小于试验结果的干燥速率(0.27%/d),但整体的变化趋势是试验结果与模拟结果基本吻合。

6.4　冬季静风二维干燥模型的数值模拟验证及分析

6.4.1　温度场分布特征数值计算结果

冬季静风二维干燥模型不同阶段的温度场特征模拟图如图 6-8 所示,深色的位置表示相对高温的区域,浅色的位置表示相对低温的区域,模拟得到的图像反映了干燥过程中模型温度场的分布变化规律。可以明显观察到,干燥初期,温度分布特征为模型四周温度低,中部形成高温核区,且高温核区为一个类椭圆形,最高温度点处于 0.55 m 处,温度由中心向模型上下两边界逐渐降低。这主要是因为在模型搭建的过程中，周围温度越来越低，而且模型材料中含有石膏，其处于水化放热阶段，模型中部与周围环境的热交换较弱，放出的热量聚集，导致中间位置温度高，上下边界温度低。

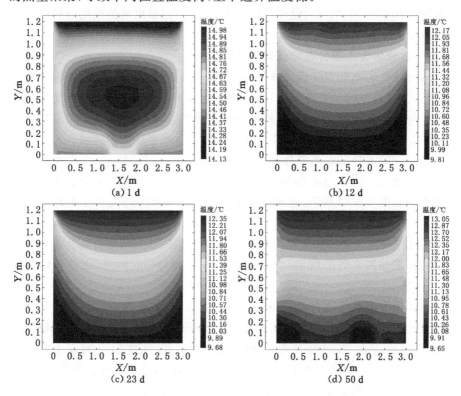

图 6-8　冬季静风二维干燥模型不同阶段的温度场特征模拟图

干燥中后期，模型的低温核心区消失，形成水平方向上各层温度趋于相等，竖直方向上呈上高下低的温度梯度分布特征。模型内部水分向下迁移，含水率呈现出下高上低的梯度分布，伴随着水分变化较快的蒸发面向下移动，水从液态转变为气态，需要大量能量用于蒸发潜热，造成其温度比周围温度低。模型内部水分逐渐减少，伴随着蒸发过程的减弱，热量传递转为以固体颗粒导热为主，热传导在热量变化中起主要作用，竖直方向上逐渐形成明显的温度梯度分布，水平方向温度大致相同。

第 1 天的温度场特征模拟图如图 6-8(a)所示，温度范围是 14.13～14.98 ℃，温度不均匀度为 0.85 ℃，温度等值线层间梯度约为 0.04 ℃，最高温度位于 $Y=0.55$ m 高度处；第 12 天的温度场特征模拟图如图 6-8(b)所示，温度范围是 9.81～12.17 ℃，温度不均匀度为 4.27 ℃，温度等值线层间梯度约为 0.12 ℃,最高温度位于 $Y=0$ m 高度处;第 23 天的温度场特征模拟图如图 6-8(c)所示,温度范围是 9.68~12.35 ℃,温度不均匀度为 2.36 ℃,温度等值线层间梯度约为 0.14 ℃;第 50 天的温度场特征模拟图如图 6-8(d)所示,温度范围是 9.65~13.05 ℃,温度不均匀度为 3.4 ℃,温度等值线层间梯度约为 0.18 ℃。

6.4.2　水分场含水率分布特征数值计算结果

水分场含水率分布呈现出分层的现象,同一高度的不同位置处的含水率大致相同,竖直方向上从高到低梯度分布,含水率逐渐升高,且整体变化趋势一致。与实测重构图对比可知,模型材料水分场含水率总体分布的趋势是相同的。在顶部位置处由于干燥剧烈导致形成了含水率较低的区域。

第 1 天的水分场含水率分布特征模拟图如图 6-9(a)所示,含水率范围是 8.59%~12.50%,水分不均匀度为 3.91%;第 23 天的水分场含水率分布特征模拟图如图 6-9(b)所示,含水率范围是 3.55%~7.98%,水分不均匀度为 4.43%;第 45 天的水分场含水率分布特征模拟图如图 6-9(c)所示,含水率范围是 2.12%~4.66%,水分不均匀度为 2.54%;第 50 天的水分场含水率分布特征模拟图如图 6-9(d)所示,含水率范围是 1.90%~4.04%,水分不均匀度为 2.14%。

根据推导的热湿耦合公式,利用 COMSOL Moltiphysics 多场耦合计算软件得到的模拟结果与实测结果对比如图 6-10 所示,上部的模型材料最初含水率是 6.18%,经过 27 d 时含水率降到 3.35% 左右,经过 51 d 时含水率降到 2.97% 左右,含水率前期变化快,干燥速率大致相同,平均干燥速率是0.10%;中期干燥速率逐渐减小,平均干燥速率是 0.02%;后期干燥速率几乎为 0。中部的模型材料最初含水率是 7.00%,经过 27 d 时含水率降到 3.98% 左右,经过 51 d 时含水率降到 3.57% 左右,含水率前期变化快,干燥速率大致相同,平均干燥速率是 0.11%;中期干燥速率逐渐减小,平均干燥速率是 0.02%;后期干燥速率几乎为 0。下部的模型材料最初含水率是 8.05%,经过 27 d 时含水率降到 4.62% 左右,经过 51 d 时含水率降到 4.15% 左右,含水率前期变化快,干燥速率大致相同,平均干燥速率是 0.13%;中期干燥速率逐渐减小,平均干燥速率是 0.02%;后期干燥速率进一步减小,平均干燥速率是 0.05%。

前期是从 1~27 d,此阶段下部的干燥速率＞中部的干燥速率＞上部的干燥速率,这个阶段整体的平均干燥速率是 0.11%;中期是从 28~51 d,此阶段下部的干燥速率＝上部的干燥速率＝中部的干燥速率,这个阶段整体的平均干燥速率是 0.02%;后期是从 51 d 之后,此阶段下部的干燥速率＝中部的干燥速率＝上部的干燥速率,这个阶段整体的平均干燥速率是 0.01%。

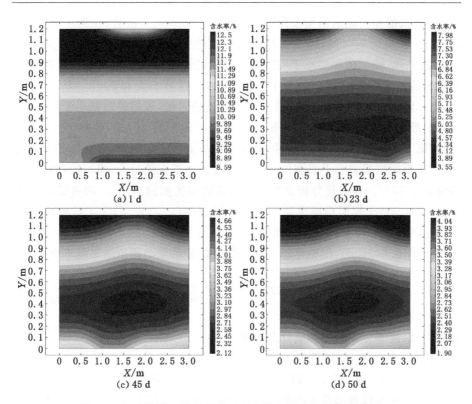

图 6-9　冬季静风二维干燥模型水分场含水率分布特征模拟图

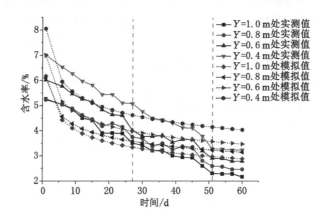

图 6-10　冬季静风二维干燥模型含水率随时间变化的模拟值和实测值对比

对于 $Y=0.4$ m 处,在第 1 天和第 39~60 天的时候,模拟值都要小于实测值,而在第 6~36 天的时候,模拟值都要大于实测值。两者的最大偏差在第

48 天,模拟值和实测值的偏差是 13.2%。对于 $Y=0.6$ m 处,在第 1 天、30~33 天、39~60 天的时候,模拟值都要大于实测值,而在后期第 6~27 天和第 36 天的时候,模拟值都要小于实测值。两者的最大偏差在第 15 天,模拟值和实测值的偏差是 14.5%。对于 $Y=0.8$ m 处,在第 1 天和第 48~60 天的时候,模拟值都要大于实测值,而在第 6~45 天的时候,模拟值都要小于实测值。两者的最大偏差在第 57 d,模拟值和实测值的偏差是 19%。对于 $Y=1.0$ m 处,在第 1 天和第 39~60 天的时候,模拟值都要大于实测值,而在第 6~36 天的时候,模拟值都要小于实测值。两者的最大偏差在第 9 天,模拟值和实测值的偏差是 15%。在对比分析选取点的模拟值和实测值后可得,两者的最大偏差是 19%。整个模型前期模拟结果的干燥速率(0.11%/d)大于试验结果的干燥速率(0.05%/d),中期模拟结果的干燥速率(0.02%/d)小于试验结果的干燥速率(0.04%/d),但整体的变化趋势是试验结果与模拟结果基本吻合。

6.5　冬季静风三维干燥模型的数值模拟验证及分析

6.5.1　温度场分布特征数值计算结果

（1）三维模型 XOZ 面温度场

三维模型 XOZ 面不同阶段的温度场特征模拟图见图 6-11。由图可知,干燥初期,中间位置形成高温核区,且高温核区呈近似椭圆形,高温核区位于1.0 m 处,向四周逐渐降低。同样是模型材料中石膏水化放热,模型内部中间位置处与周围环境的热交换较弱,放出的热量聚集,导致中间位置温度明显高于周围温度。此时的温度场分布特征与二维模型在干燥初期的温度场类似。干燥中后期,中部偏右位置出现低温核区,温度由中心向模型四周边界逐渐升高,最终形成自上而下逐渐降低的温度梯度分布。温度场水平方向各层温度趋于相等,垂直方向存在的温度梯度 0.45 ℃,但也趋于稳定。

第 28 天的温度场特征模拟图如图 6-11（a）所示,温度范围是 15.28~19.78 ℃,温度不均匀度为 4.5 ℃,温度等值线层间梯度约为 0.23 ℃,最高温度位于 $Z=1.0$ m 高度处;第 94 天的温度场特征模拟图如图 6-11（b）所示,温度范围是 7.81~13.00 ℃,温度不均匀度为 5.19 ℃,温度等值线层间梯度约为 0.27 ℃,最低温度位于 $Z=1.4$ m 高度处;第 150 天的温度场特征模拟图如图 6-11（c）所示,温度范围是 12.86~16.11 ℃,温度不均匀度为 3.25 ℃,温度等值线层间梯度约为 0.16 ℃;第 175 天的温度场特征模拟图如图 6-11（d）所示,温度范围是 15.08~18.52 ℃,温度不均匀度为 3.44 ℃,温度等值线层间梯度约为 0.17 ℃。

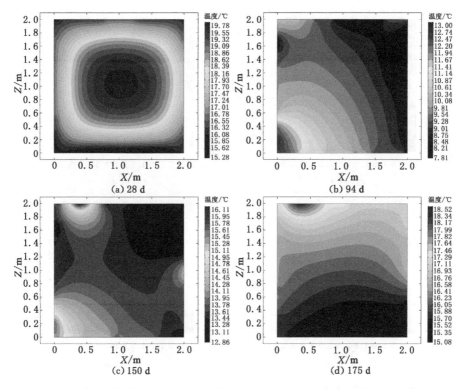

图 6-11　冬季静风三维模型 *XOZ* 面干燥不同阶段的温度场特征模拟图

（2）三维模型 *YOZ* 面温度场

三维模型 *YOZ* 面不同阶段的温度场特征模拟图见图 6-12。由图可知，三维模型干燥初期，中间位置形成高温核区，且高温核区呈近似椭圆形，最高温度点处于 0.6 m 处，中上部温度略高于中下部，与二维模型在干燥初期的温度场类似。

干燥中后期，温度场逐渐变成水平方向各层温度趋于相等，竖直方向为上高下低的温度梯度分布特征。模型内部水分变化较快的蒸发面逐渐向下迁移，随着整个模型含水率的降低，热量传递的主要方式由水分蒸发潜热转为固体颗粒导热，热传导在热量变化中起主要作用，竖直方向上逐渐形成明显的温度梯度分布，水平方向上温度大致相同。

其中，第 28 天的温度场特征模拟图如图 6-12（a）所示，温度范围是 15.14～20.40 ℃，温度不均匀度为 5.26 ℃，温度等值线层间梯度约为 0.27 ℃，最高温度位于 *Z*＝0.6 m 高度处；第 94 天的温度场特征模拟图如图 6-12（b）所示，温度范围是 12.68～15.57 ℃，温度不均匀度为 2.89 ℃，温度等值线层间梯度约为

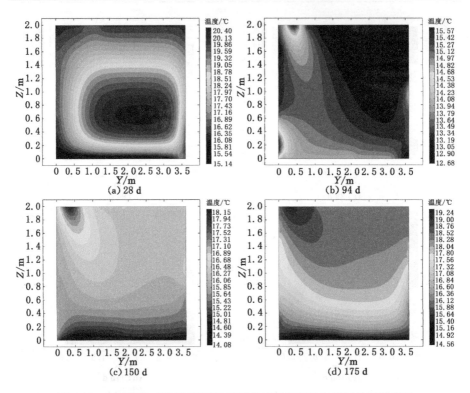

图 6-12 冬季静风三维模型 YOZ 面干燥不同阶段的温度场特征模拟图

0.15 ℃,最低温度位于 $Z=1.4$ m 高度处;第 150 天的温度场特征模拟图如图 6-12(c)所示,温度范围是 14.08～18.15 ℃,温度不均匀度为 4.07 ℃,温度等值线层间梯度约为 0.21 ℃;第 175 天的温度场特征模拟图如图 6-12(d)所示,温度范围是 14.56～19.24 ℃,温度不均匀度为 4.7 ℃,温度等值线层间梯度约为 0.24 ℃。

6.5.2 水分场含水率分布特征数值计算结果

冬季静风二维干燥模型水分场含水率分布特征模拟图见图 6-13。由图可知,含水率分布呈现出分层的现象,同一高度的不同位置处的含水率大致相同,竖直方向从高到低梯度分布,含水率逐渐升高,且整体变化趋势一致。与实测重构图对比可知,模型材料含水率场总体分布的趋势是相同的。在顶部位置处由于干燥剧烈导致形成了含水率较低的区域。

第 1 天的水分场含水率分布特征模拟图如图 6-13(a)所示,含水率范围是 9.79%～12.64%,水分不均匀度为 2.85%;第 120 天的水分场含水率分布特征模拟图如图 6-13(b)所示,含水率范围是 2.70%～5.53%,水分不均匀度为

2.83%;第147天的水分场含水率分布特征模拟图如图6-13(c)所示,含水率范围是1.96%~4.57%,水分不均匀度为2.61%;第170天的水分场含水率分布特征模拟图如图6-13(d)所示,含水率范围是1.14%~3.75%,水分不均匀度为2.61%。

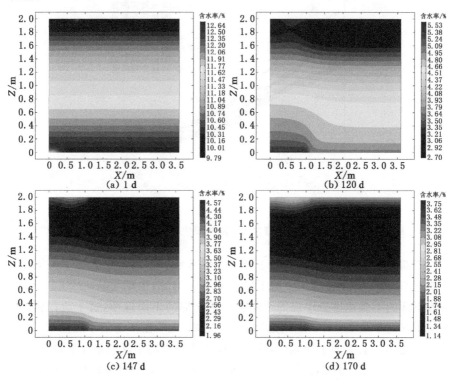

图6-13 冬季静风三维模型不同阶段水分场分布特征模拟图

根据推导的热湿耦合公式,利用COMSOL Multiphysics多场耦合计算软件得到的模拟结果与实测结果对比如图6-14所示,上部的模型材料最初含水率是8.12%,经过120 d时含水率降到4.68%左右,经过170 d时含水率降到2.99%左右,含水率前期变化快,干燥速率大致相同,平均干燥速率是0.03%,中期干燥速率保持不变,平均干燥速率是0.03%;后期干燥速率进一步减小,平均干燥速率几乎为0;中部的模型材料最初含水率是10.36%,经过120 d时含水率降到5.59%左右,经过170 d时含水率降到3.57%左右,含水率前期变化快,干燥速率大致相同,平均干燥速率是0.04%,中期干燥速率保持不变,平均干燥速率是0.04%;后期干燥速率进一步减小,平均干燥速率几乎为0;下部的模型材料最初含水率是13.08%,经过120 d时含水率降到6.94%左右,经过 170 d 时含水率降到 4.51% 左右,含水率前期变化快,干燥速率大致相同,平均干燥速率是 0.05%,中期干燥速率保持不变,平均干燥速率是 0.05%;后期干燥速率进一步减小,平均干燥速率几乎为 0。

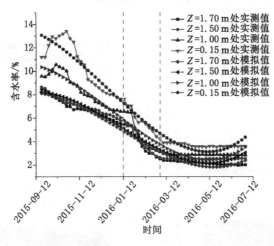

图 6-14　冬季静风三维模型含水率随时间变化的模拟值和实测值对比

前期是从 1~120 d,此阶段下部的干燥速率＞中部的干燥速率＞上部的干燥速率,这个阶段整体的平均干燥速率是 0.04%;中期是从 121~170 d,此阶段下部的干燥速率＞中部的干燥速率＞上部的干燥速率,这个阶段整体的平均干燥速率是 0.04%;后期是从 170 d 之后,此阶段下部的干燥速率＝中部的干燥速率＞上部的干燥速率,这个阶段整体的平均干燥速率几乎是 0。

对于 $Z=1.7$ m 处,在第 16~61 天、第 136~201 天和第 271~286 天的时候,模拟值都要大于实测值,而在第 1~11 天、66~131 天和第 206~266 天的时候,模拟值都要小于实测值。两者的最大偏差在第 126 天,模拟值和实测值的偏差是15.6%。对于 $Z=1.5$ m 处,在第 16~61 天和第 11~20 天的时候,模拟值都要大于实测值,而在第 1~11 天、66~136 天和第 201~266 天的时候,模拟值都要小于实测值。两者的最大偏差在第 161 天,模拟值和实测值的偏差是 23%。对于 $Z=1.0$ m 处,在第 1~11 天、第 41~96 天、第 136~191 天和第 271~286 天的时候,模拟值都要大于实测值,而在第 16~36 天、第101~131 天和第 196~266 天的时候,模拟值都要小于实测值。两者的最大偏差在第 7 天,模拟值和实测值的偏差是22.3%。对于 $Z=0.15$ m 处,在第 1~11 天、第 66~106 天、第 131~186 天和第 271~286 天的时候,模拟值都要小于实测值,而在第 16~61 天、第 111~126 天和第 191~266 天的时候,模拟值都要大于实测值。两者的最大偏差在第 6 天,模拟值和实测值的偏差是15.3%。

在对比分析选取点的模拟值和实测值后可得,两者的最大偏差是23%。

整个模型前期模拟结果的干燥速率大于试验结果,中期模拟结果的干燥速率小于试验结果,但整体的变化趋势是试验结果与模拟结果基本吻合。这可能是因为在理论模型中,干燥前期把蒸发对模型材料含水率的影响考虑过大,导致干燥速率的模拟值要大于实测值;而在干燥中期理论模型中水分下移对整个模型材料干燥的影响预估不足,导致干燥速率的模拟值要小于实测值。

6.6 本章小结

(1) 运用COMSOL Multiphysics软件对已建立的模型材料多场耦合数学模型进行求解,并由多场拟合算法重现了夏季静风、夏季通风、冬季静风环境下平面模型和秋、冬、春季静风环境下立体模型干燥过程中,温度场和水分场分布的特征。将上述模拟结果与实测重构的温度场和水分场分布特征和变化规律进行对比后发现,二者的基本特征是相符的,表明所建立的数学模型是可行的,可以用于研究模型材料干燥过程中热湿耦合问题的温度场和水分场的分布规律。

(2) 平面模型在夏季静风、夏季通风环境下,温度场特征是首先在中部形成低温核心区,然后低温核心区向下迁移,最后变成水平方向温度大致相同,竖直方向上高下低的温度梯度分布。立体模型和冬季静风状态下的平面模型,温度场是先形成高温核心区,再形成低温核心区,然后低温核心区下移,最后变成竖直方向梯度分布,水平方向大致相同的特征。

(3) 在不同季节静风条件下,水分场的分布特征是水平方向大致相同,竖直方向上低下高。当有通风时,在通风位置处由于水分蒸发速率提高,导致此处的含水率要小于周围模型材料的含水率,通过在含水率随时间变化的曲线上对比模拟值和实测值,可以看到平面模型夏季静风、夏季通风、冬季静风环境下以及立体模型干燥过程中,热湿耦合模型求解的结果与实测值的最大偏差都小于23%,这表明建立的热湿耦合数学模型是可行的。

7 结　　论

7.1　主　要　结　论

（1）以多孔介质传热传质理论为基础，推导了反映模型材料干燥过程的热湿耦合方程。根据单元体守恒定律（质量、能量和动量守恒定律），以温度、相对湿度和空气压力为驱动势，基于 Fourier 定律、Fick 定律和 Darcy 定律，建立了模型材料热、空气、湿耦合传递非稳态模型。该模型考虑了热传递、空气渗透、湿传递以及它们之间的相互耦合作用，并将湿传递分为蒸汽扩散和液态水传递两部分。

（2）在时间维度上，模型材料干燥过程中的湿度发展呈两个阶段特征：初期为湿度饱和期，后期是湿度下降期。在空间维度上，模型材料相对湿度分布沿高度呈梯度分布特征。石膏水化耗水和水分扩散是引起模型材料内部相对湿度下降的主要原因。在不同的表面状态下，湿度扩散对模型材料近表面区域相对湿度的影响不同，临界时间和湿度下降幅度也不同。表面干燥作用使近表面处的临界时间提前，湿度下降幅度增大。由于泌水和沉降作用，模型材料水分含量自下而上逐渐减小，因此，在表面覆膜试件中临界时间自下而上依次延长，湿度下降幅度自下而上依次减小，而最终的模型材料湿度分布是在初始湿度分布基础上石膏水化耗水和湿度扩散综合作用的结果。

（3）得到了平面模型在夏季通风、夏季静风、冬季静风条件以及立体模型在秋、冬、春季静风条件下含水率随时间的变化关系，分别进行推导拟合，得到了含水率变化规律函数关系式，其拟合相关系数大于 0.97，故可用于模型材料干燥过程中含水率的变化预测。依据模型材料在不同含水率下与力学强度的对应关系，可预估使其达到设计力学强度所需的时间，为解决因含水率差异导致材料力学强度不符合设计强度的问题，进而减小实型和模型的相似误差，为模型干燥时间的预测（确定）提供参考和理论支撑。

（4）通过实测值重构得到了干燥过程中平面模型在夏季通风、夏季静风、冬季静风环境下和立体模型的温度场和水分场的变化特征。夏季通风和夏季静风状态下，温度场是先形成低温核心区，然后低温核心区下移，最后变成竖直方向梯度分布，水平方向大致相同的温度分布特征。立体模型和冬季静风状态下的平面模型，温度场是先形成高温核心区，再形成低温核心区，然后低温核心区下移，最后变成竖直方向梯度分布，水平方向大致相同的温度分布特征。水分场的特征是水平方向大致相同，竖直方向从上往下含水率逐渐升高，当模型附近有风流动时，对应位置处由于水分蒸发速率提高，导致此处形成局部低含水率区。

（5）得到了不同配比模型材料试件在干燥过程中单轴抗压强度随含水率的变化规律。研究结果表明，随着含水率的减小，模型材料试件抗压强度呈单调递增的规律。

（6）推导了适合模型材料的热湿分布的变异函数和插值方法，提出基于空间信息统计方法的模型材料干燥过程中温度和水分分布场的重构技术。空间信息统计方法以区域化变量理论为基础，以变异函数为基本工具，对具有随机性和结构相关性的数据可以实现最佳无偏内插估计，并对模型材料温度场分布进行了变异函数推导。通过对测量数据的实验变异函数计算及对采用多种模型拟合结果的交叉验证比较分析，得到标准差为 0.102，方差为 0.302，均方差为 0.457，均低于常用的变异函数模型，故确定采用自行推导的模型进行克里金插值的模型材料温度和水分分布场重构预测。经验证得到实测值与重构预测值的偏差小于 2.0%。

（7）自主研发了光纤湿敏传感器。创新了湿敏单元的制备方法，用 N-羟乙基乙二胺作为耦合剂，其与光纤 Bragg 光栅包层的羟基相结合，与聚酰亚胺的氨基相结合，加强了聚酰亚胺薄膜与光纤的表面结合能力；搭建了光纤湿敏传感器测试系统，对涂敷厚度为 6～336 μm 的光纤湿敏传感器的性能参数（湿度灵敏度、响应时间）进行了研究，经优化后的湿敏材料的涂敷厚度为 37 μm；发现了表面孔隙率对降湿响应时间的影响，当表面孔隙率直径分别小于 1 μm、大于 1 μm 且小于 20 μm 和大于 20 μm 且小于 50 μm 时，通过分析这些数据，可以得到涂层表面孔径越大，吸湿响应时间越短，而对降湿响应时间的影响不明显。根据模型材料湿度测量的被测环境需要，利用 3D 打印技术，自行设计制作了以光敏树脂为原料，采用激光束点扫描使光敏树脂固化的方法来制造光纤湿敏传感器的封装结构，并将此传感器用于模型材料试件干燥过程中的内部湿度分布及湿度变化规律的测试研究。通过测试可知，所研制的光纤湿敏传感器能够有效地测量模型材料干燥过程中湿度的变化，设计制造的封装结构可以实现对传感部件的良好保护。

（8）通过 COMSOL Multiphysics 数值模拟对已建立的模型材料多场耦合数学模型进行求解，得到了夏季静风、夏季通风、冬季静风环境下平面模型和秋、冬、春季静风环境下立体模型干燥过程中，温度场和水分场分布的特征。将上述模拟结果与实测重构的温度场和水分场分布特征和变化规律进行对比后发现，二者基本特征是相符的。基本特征是，在不同季节静风条件下，水分场的分布特征是水平方向大致相同，竖直方向上低下高，当有通风时，在通风位置处由于水分蒸发速率提高，导致此处的含水率要小于周围模型材料的含水率。在含水率随时间变化的曲线上通过对比模拟值和实测值，可以得到平面模型夏季静风、夏季通风、冬季静风环境下以及立体模型干燥过程中，热湿耦合模型求解的结果与实测值的最大偏差都小于23%。

7.2 创 新 点

（1）自主研发了光纤湿敏传感器，创新了湿敏单元的制备方法，得到了湿敏材料的最优涂敷层厚度，发现了表面孔隙率对降湿响应时间的影响，为改善该类型光纤湿敏传感器的响应时间，进而将应用范围拓宽至高动态响应环境中，指明了可行的研究方向。所设计开发的传感器可用于气液两相的水分感知测量，为大坝、边坡、管道以及其他危险场合的开关式泄漏监测或直接测量烟气、氢气湿度等研究提供了可行的传感方法。

（2）引入多孔介质理论分析模型材料的热湿耦合过程，建立了相似材料固结过程的理论模型，揭示了石膏水化、升温和自干燥过程的作用机理以及湿度对水化速率和孔隙率的影响，并根据单元体守恒定律（质量、能量和动量守恒定律）推导出模型材料热、空气、湿耦合传递非稳态模型。

（3）建立了平面模型在夏季静风（环境相对湿度大于70%，风速小于0.5 m/s，温度25～32 ℃）、夏季通风（环境相对湿度大于70%，风速0.5～1.9 m/s，温度25～35 ℃）、冬季静风（环境相对湿度40%～70%，风速小于0.5 m/s，温度2～8 ℃）条件下以及立体模型在秋、冬、春季静风（环境相对湿度大于40%，风速小于0.5 m/s，温度2～25 ℃）条件下含水率随时间的变化关系，分别进行推导拟合，得到了含水率变化规律的函数关系式，其可用于模型材料干燥过程中含水率的变化预测。

（4）提出了模型材料在铺装干燥过程中最佳含水率的概念。依据模型材料在不同含水率下与力学强度的对应关系，为使模型材料达到设计力学强度而确定其在铺装干燥过程中的最佳含水率，这可用于解决由含水率因素导致的材料力学强度不符合设计强度的问题,进而减小实型和模型的相似误差,提高模型试验的模拟精度。提出了物理相似模型的干燥指数,其可用于评估物理模型铺装完成后的干燥程度,并确定出适合进行模型开挖试验的干燥指数。

7.3　展　　望

（1）本书给出了光纤湿敏传感器的制备和封装方法,考虑到现实传感环境和场景的复杂性,后续工作应开展不同传感封装结构的开发和应用;发现了表面孔隙率对光纤湿敏传感器响应时间的影响,需要研究控制表面孔隙的生成方式,进一步改进湿度响应时间。

（2）本书给出了模型材料作为一种多孔介质在干燥过程中的热湿耦合模型,而对于其他类型的多孔介质材料是否适用于这个热湿耦合模型有待进一步研究。

参 考 文 献

[1] 王汉鹏,李术才,郑学芬,等.地质力学模型试验新技术研究进展及工程应用[J].岩石力学与工程学报,2009,28(增刊1):2765-2771.

[2] 李仲奎,卢达溶,中山元,等.三维模型试验新技术及其在大型地下洞群研究中的应用[J].岩石力学与工程学报,2003,22(9):1430-1436.

[3] 刘长武,郭永峰,姚精明.采矿相似模拟试验技术的发展与问题:论发展三维采矿物理模拟试验的意义[J].中国矿业,2003,12(8):6-8.

[4] 伍永平,来兴平,曹建涛,等.多场耦合下急斜煤层开采三维物理模拟(1)[J].西安科技大学学报,2009,29(6):647-653.

[5] 谭志祥,邓喀中.采动区建筑物动态移动变形规律模拟研究[J].西安科技大学学报,2006,26(3):349-352.

[6] 张瑞新,谢和平,谢之康.露天煤体自然发火的试验研究[J].中国矿业大学学报,2000,29(3):235-238.

[7] 崔希民,许家林,缪协兴,等.潞安矿区综放与分层开采岩层移动的相似材料模拟试验研究[J].实验力学,1999,14(3):402-406.

[8] 彭海明,彭振斌,韩金田,等.岩性相似材料研究[J].广东土木与建筑,2002,9(12):13-14,17.

[9] 朱维毅,马伟民,洪渡.用相似材料模型研究岩层移动规律的可信性分析[J].矿山测量,1984(3):10-18.

[10] LI F Z,LI Y,LIU Y X,et al. Numerical simulation of coupled heat and mass transfer in hygroscopic porous materials considering the influence of atmospheric pressure [J]. Numerical heat transfer part B fundamentals,2004,45(3):249-262.

[11] IRVDAYARAJ J, WU Y, GHAZANFARI A. Application of simultaneous heat, mass, and pressure transfer equations to timber drying[J]. Numerical heat transfer applications,1996(3):233-247.

[12] WANG J Y, CHRISTAKIS N, PATEL M K, et al. A computational model of coupled heat and moisture transfer with phase changing granular sugar during varying environmental conditions[J]. Numerical heat transfer part A: applications, 2004, 45(8): 751-776.

[13] BOOMSMA K, POULIKAKOS D. On the effective thermal conductivity of a three-dimensionally structured fluid-saturated metal foam[J]. International journal of heat & mass transfer, 2001, 44(4): 827-836.

[14] ZHANG L Z. Numerical study of heat and mass transfer in an enthalpy exchanger with a hydrophobic-hydrophilic composite membrane core [J]. Numerical heat transfer part A: applications, 2007, 51(7): 697-714.

[15] OLUTIMAYIN S O, SIMONSON C J. Measuring and modeling vapor boundary layer growth during transient diffusion heat and moisture transfer in cellulose insulation[J]. International journal of heat & mass transfer, 2005, 48(16): 3319-3330.

[16] LEWIS W K. The rate of drying of solid materials[J]. Indian chemical engineer, 1921, 13(5): 427-432.

[17] KALLEL F, GALANIS N, PERRIN B, et al. Effects of moisture on temperature during drying of consolidated porous materials[J]. Journal of heat transfer, 1993, 115(3): 724-733.

[18] HAGENTOFT C E, KALAGASIDIS A S, ADL-ZARRABI B, et al. Assessment method of numerical prediction models for combined heat, air and moisture transfer in building components: benchmarks for one-dimensional cases[J]. Journal of thermal envelope and building science, 2004, 27(4): 327-352.

[19] LARBI S. Quelques aspects de la physique des transferts en milieu poreux lors d'un processus d'humidification par condensation [D]. Occitanie: Toulouse, INPT, 1990.

[20] DE VRIES D A. The theory of heat and moisture transfer in porous media revisited[J]. International journal of heat & mass transfer, 1987, 30(7): 1343-1350.

[21] LUIKOV A V. Heat and mass transfer in capillary-porous bodies[J]. Advances in heat transfer, 1964, 1(1): 123-184.

[22] LUIKOV A V. Systems of differential equations of heat and mass

transfer in capillary-porous bodies (review)[J]. International journal of heat & mass transfer,1975,18(1):1-14.

[23] LUIKOV A V, SHASHKOV A G, VASILIEV L L, et al. Thermal conductivity of porous systems[J]. International journal of heat & mass transfer,1968,11(2):117-140.

[24] PEDERSEN C R. Prediction of moisture transfer in building constructions[J]. Building & environment,1992,27(3):387-397.

[25] KÜNZEL H M, KIESSL K. Calculation of heat and moisture transfer in exposed building components[J]. International journal of heat and mass transfer,1996,40(1):159-167.

[26] JANSSEN H,CARMELIET J,HENS H. The influence of soil moisture in the unsaturated zone on the heat loss from buildings via the ground [J]. Journal of thermal envelope and building science, 2002, 25(4): 275-298.

[27] WHITAKER S. Simultaneous heat, mass, and momentum transfer in porous media: a theory of drying [M]//Advances in heat transfer. Amsterdam:Elsevier,1977:119-203.

[28] WHITAKER S. Flow in porous media I : a theoretical derivation of Darcy's law[J]. Transport in porous media,1986,1(1):3-25.

[29] WHITAKER S. Flow in porous media II : the governing equations for immiscible,two-phase flow[J]. Transport in porous media,1986,1(2): 105-125.

[30] WHITAKER S. Flow in porous media III: deformable media [J]. Transport in porous media,1986,1(2):127-154.

[31] WEI C K,DAVIS H T,DAVIS E A,et al. Heat and mass transfer in water-laden sandstone: microwave heating[J]. AIChE journal,1985,31 (5):842-848.

[32] STANISH M A,SCHAJER G S,KAYIHAN F. A mathematical model of drying for hygroscopic porous media[J]. AIChE journal, 1986, 32 (8):1301-1311.

[33] NASRALLAH S B,PERRE P. Detailed study of a model of heat and mass transfer during convective drying of porous media [J]. International journal of heat & mass transfer,1988,31(5):957-967.

[34] CHEN P,PEI D C T. A mathematical-model of drying processes[J].

International journal of heat & mass transfer,1989,32(2):297-310.

[35] HÄUPL P,GRUNEWALD J,FECHNER H,et al. Coupled heat air and moisture transfer in building structures[J]. International journal of heat & mass transfer,1997,40(7):1633-1642.

[36] MENDES N, PHILIPPI P C, LAMBERTS R. A new mathematical method to solve highly coupled equations of heat and mass transfer in porous media[J]. International journal of heat & mass transfer,2002, 45(3):509-518.

[37] SANTOS G H D,MENDES N. Heat,air and moisture transfer through hollow porous blocks [J]. International journal of heat & mass transfer,2009,52(9/10):2390-2398.

[38] TARIKU F, KUMARAN K, FAZIO P. Transient model for coupled heat,air and moisture transfer through multilayered porous media[J]. International journal of heat & mass transfer, 2010, 53 (15/16): 3035-3044.

[39] QIN M H,BELARBI R, AÏT-MOKHTAR A,et al. Coupled heat and moisture transfer in multi-layer building materials[J]. Construction & building materials,2009,23(2):967-975.

[40] BUDAIWI I, EL-DIASTY R, ABDOU A. Modelling of moisture and thermal transient behaviour of multi-layer non-cavity walls[J]. Building & environment,1999,34(5):537-551.

[41] CHEN Z Q,SHI M H. Study of heat and moisture migration properties in porous building materials[J]. Applied thermal engineering,2005,25 (1):61-71.

[42] LESKOVŠEK U,MEDVED S. Heat and moisture transfer in fibrous thermal insulation with tight boundaries and a dynamical boundary temperature[J]. International journal of heat and mass transfer,2011, 54(19/20):4333-4340.

[43] LÜ X. Modelling of heat and moisture transfer in buildings: I. model program[J]. Energy & buildings,2002,34(10):1033-1043.

[44] FAN J T,CHENG X Y,WEN X H,et al. An improved model of heat and moisture transfer with phase change and mobile condensates in fibrous insulation and comparison with experimental results [J]. International journal of heat & mass transfer, 2004, 47 (10/11):

2343-2352.

[45] 张华玲,刘朝,付祥钊. 多孔墙体湿分传递与室内热湿环境研究[J]. 暖通空调,2006,36(10):29-34,38.

[46] KAYA M, SAHAY P, WANG C. Reproducibly reversible fiber loop ringdown water sensor embedded in concrete and grout for water monitoring[J]. Sensors and actuators B: chemical,2013,176: 803-810.

[47] 张向东,李育林,彭文达,等. 光纤光栅型温湿度传感器的设计与实现[J]. 光子学报,2003,32(10):1166-1169.

[48] 喻晓莉,杨健,倪彦. 湿敏传感器的选用及发展趋势[J]. 自动化技术与应用,2009,28(2):107-110.

[49] YEO T L, ECKSTEIN D, MCKINLEY B, et al. Technical note: demonstration of a fibre-optic sensing technique for the measurement of moisture absorption in concrete[J]. Smart materials & structures, 2006,15(2):40-45.

[50] KHIJWÀNIÀ S K, SRINIVASAN K L, SINGH J P. An evanescent-wave optical fiber relative humidity sensor with enhanced sensitivity [J]. Sensors & actuators b chemical,2005,104(2):217-222.

[51] BARIÁIN C,MARIAS I R,ARREGUI F J,et al. Optical fiber humidity sensor based on a tapered fiber coated with agarose gel[J]. Sensors & actuators B chemical,2000,69(1/2):127-131.

[52] KONSTANTAKI M, PISSADAKIS S, PISPAS S, et al. Optical fiber long-period grating humidity sensor with poly(ethyleneoxide)/cobalt chloride coating[J]. Applied optics,2006,45(19):4567-4571.

[53] SHUKLA S K, PARASHAR G K, MISHRA A P, et al. Nano-like magnesium oxide films and its significance in optical fiber humidity sensor[J]. Sensors & actuators B chemical,2004,98(1):5-11.

[54] 金兴良,李伟,孙大海,等. 基于 Nafion-结晶紫传感膜的光纤湿敏传感器研究[J]. 光谱学与光谱分析,2005,25(8):1328-1331.

[55] 周胜军,白志鹏,刘凤军. 一种用于病人监护仪的光纤湿敏传感器的研制[J]. 中国医疗器械杂志,1998,22(4):210-211.

[56] WANG L W,LIU Y,ZHANG M,et al. A relative humidity sensor using a hydrogel-coated long period grating[J]. Measurement science & technology,2007,18(10):3131-3134.

[57] MEASURES R M,ALAVIE A T,MAASKANT R,et al. Bragg grating

fiber optic sensing for bridges and other structures[J]. Proc spie,1994：162-167.

[58] NARUSE H, KOMATSU K, FUJIHASHI K, et al. Telecommunications tunnel monitoring system based on distributed optical fiber strain measurement[J]. Proc spie,2005,5855:168-171.

[59] 周智,田石柱,赵雪峰,等.光纤布拉格光栅应变与温度传感特性及其实验分析[J].功能材料,2002,33(5):551-554.

[60] 孙丽,任亮,李宏男.光纤光栅温度传感器在地源热泵中应用[J].大连理工大学学报,2006,46(6):891-895.

[61] 魏世明,柴敬,邓明.相似模拟实验中光纤光栅传感测试的温度补偿[J].西安科技大学学报,2007,27(4):565-568.

[62] 柴敬,张丁丁,李毅,等.光纤光栅技术测量地温的方法及应用[J].中国矿业大学学报,2014,43(2):214-219.

[63] 柴敬,赵文华,李毅,等.采场上覆岩层沉降变形的光纤检测实验[J].煤炭学报,2013,38(1):55-60.

[64] 李毅,柴敬,邱标.带有温度补偿的光纤光栅锚杆测力计设计[J].煤炭科学技术,2009,37(2):90-93.

[65] 柴敬,邱标,李毅,等.松散地层沉降变形 FBG 实时监测系统设计[J].传感器与微系统,2009,28(7):59-61.

[66] GORSHKOV B G, GORBATOV I E, DANILEĬKO Y K, et al. Luminescence,scattering,and absorption of light in quartz optical fibers and prospective use of these properties in distributed waveguide sensors [J]. Soviet journal of quantum electronics,1990,20(3):283-288.

[67] LECOEUCHE V, HATHAWAY M W, WEBB D J, et al. 20-km distributed temperature sensor based on spontaneous Brillouin scattering [J]. Photonics technology letters ieee, 2000, 12 (10): 1367-1369.

[68] 刘红林,张在宣,余向东,等.30 km 分布光纤温度传感器的空间分辨率研究[J].仪器仪表学报,2005,26(11):1195-1198.

[69] 蔡德所,戴会超,蔡顺德,等.分布式光纤传感监测三峡大坝混凝土温度场试验研究[J].水利学报,2003,34(5):88-91.

[70] 蔡顺德,蔡德所,何薪基.分布式光纤监测大块体混凝土水化热过程分析[J].三峡大学学报(自然科学版),2002,24(6):481-485.

[71] 蔡顺德,望燕慧,蔡德所.DTS 在三峡工程混凝土温度场监测中的应用

[J].水利水电科技进展,2005,25(4):30-32.

[72] 徐卫军,侯建国,李端有.分布式光纤测温系统在景洪电站大坝混凝土温度监测中的应用研究[J].水力发电学报,2007,26(1):97-101.

[73] 谷艳昌,王士军,庞琼,等.土坝温度场反馈渗流场可行性研究[J].岩土工程学报,2014,36(9):1721-1726.

[74] 宋占璞,张丹,方海东,等.大体积混凝土水化热温度变化光纤监测技术研究[J].工程地质学报,2014,22(2):244-249.

[75] 陈西平,张龙,刘斌,等.基于地下电缆表面温度的土壤热参数评估及载流量预测[J].中国电力,2014,47(9):83-87.

[76] 曹鼎峰,施斌,严珺凡,等.基于C-DTS的土壤含水率分布式测定方法研究[J].岩土工程学报,2014,36(5):910-915.

[77] 江梦梦.分布式光纤感温火灾探测系统在公路隧道中应用的若干影响因素研究[D].合肥:中国科学技术大学,2014.

[78] 王文亮.光纤感温报警系统对矿井火灾监测技术应用[J].山东煤炭科技,2014(2):61-63.

[79] 谢俊文,卢熹,上官科峰,等.分布式光纤测温技术在大倾角易燃煤层采空区自燃监测中的应用[J].煤矿安全,2014,45(11):118-121.

[80] 高金田,安振昌,顾左文,等.用曲面Spline方法表示1900—1936年中国(部分地区)地磁场及其长期变化的分布[J].地球物理学报,2006,49(2):398-407.

[81] 赵建虎,王胜平,刘辉,等.海洋局域地磁场球冠谐分析建模方法研究[J].测绘科学,2010,35(1):50-52.

[82] 林振山,袁林旺,吴得安.地学建模[M].北京:气象出版社,2003.

[83] LU G Y,WONG D W. An adaptive inverse-distance weighting spatial interpolation technique[J]. Computers & geosciences, 2008, 34(9): 1044-1055.

[84] BABAK O,DEUTSCH C V. Statistical approach to inverse distance interpolation[J]. Stochastic environmental research & risk assessment, 2009,23(5):543-553.

[85] MUELLER T G,PUSULURI N B,MATHIAS K K,et al. Map quality for ordinary kriging and inverse distance weighted interpolation[J]. Soil Science Society of America journal,2004,68(6):2042-2047.

[86] 颜慧敏.空间插值技术的开发与实现[D].成都:西南石油学院,2005.

[87] BRIGGS I C. Machine contouring using minimum curvature[J].

Geophysics,1974,39(1):39-48.

[88] HARDY R L. Multiquadric equations of topography and other irregular surfaces[J]. Journal of geophysical research atmospheres,1971,76(8): 1905-1915.

[89] BUHMANN M D. Radial basis functions[J]. Acta numerica,2000,9 (5):1-38.

[90] TOIT W D. Radial basis function interpolation [D]. Stellenbosch: Stellenbosch University,2008.

[91] BUHMANN M D. Radial basis functions: theory and implementations [M]. Cambridge:Cambridge Unirersity Press,2003.

[92] OLIVER M A, WEBSTER R. A tutorial guide to geostatistics: computing and modelling variograms and kriging[J]. Catena,2014,113 (2):56-69.

[93] LI J, HEAP A D. Spatial interpolation methods applied in the environmental sciences: a review [J]. Environmental modelling & software,2014,53:173-189.

[94] KRIGE D G. A Statistical approach to some mine valuations and allied problems at the witwatersrand[J]. Jama: the journal of the American medical association,1951,148(12):1066.

[95] BLU T, THEVENAZ P, UNSER M. Complete parameterization of piecewise-polynomial interpolation kernels [J]. Ieee transactions on image processing,2003,12(11):1297-1309.

[96] NIE J, LINKENS D A. Learning control using fuzzified self-organizing radial basis function network[J]. IEEE transactions on fuzzy systems, 1993,1(4):280-287.

[97] WU Z M, SCHABACK R. Local error estimates for radial basis function interpolation of scattered data[J]. Ima journal of numerical analysis,1993,13(1):13-27.

[98] SCHABACK R. Error estimates and condition numbers for radial basis function interpolation [J]. Advances in computational mathematics, 1995,3(3):251-264.

[99] LI X G,DAI B D,WANG L H. A moving Kriging interpolation-based boundary node method for two-dimensional potential problems[J]. Chinese physics B,2010,19(12):22-28.

[100] BAŽANT Z P, PRASANNAN S. Solidification theory for concrete creep. I : formulation[J]. Journal of engineering mechanics,1989,115(8):1691-1703.

[101] GAWIN D, PESAVENTO F, SCHREFLER B A. Hygro-thermo-chemo-mechanical modelling of concrete at early ages and beyond. Part I : hydration and hygro-thermal phenomena[J]. International journal for numerical methods in engineering,2006,67(3):299-331.

[102] LUZIO G D, CUSATIS G. Hygro-thermo-chemical modeling of high performance concrete. I : theory[J]. Cement & concrete composites,2009,31(5):301-308.

[103] GERSTIG M, WADSÖ L. A method based on isothermal calorimetry to quantify the influence of moisture on the hydration rate of young cement pastes[J]. Cement & concrete research,2010,40(6):867-874.

[104] SCIUMÈ G. Thermo-hygro-chemo-mechanical model of concrete at early ages and its extension to tumor growth numerical analysis[J]. Cachan ecole normale supérieure,2013,79(4):329-337.

[105] 金峰,施明恒,虞维平.含湿多孔介质内热量迁移的研究[J].热能动力工程,1997,12(5):330-331.

[106] BAKHSHI M, MOBASHER B, SORANAKOM C. Moisture loss characteristics of cement-based materials under early-age drying and shrinkage conditions[J]. Construction and building materials,2012,30:413-425.

[107] BAO X Y, CHEN I. Recent progress in distributed fiber optic sensors based upon Brillouin scattering[J]. Sensors,2012,12(7):8601-8639.

[108] 易多.任意波形输入脉冲光纤背向瑞利散射的研究[D].北京:北京交通大学,2012.

[109] AOYAMA K, NAKAGAWA K, ITOH T. Optical time domain reflectometry in a single-mode fiber [J]. Ieee journal of quantum electronics,1981,17(6):862-868.

[110] 王其富,乔学光,贾振安,等.布里渊散射分布式光纤传感技术的研究进展[J].传感器与微系统,2007,26(7):7-9.